手术室专科护士培训用书

手术基础器械分类及维护保养指南

主　编　孙育红　钱蒨健　周　力

科学出版社
北　京

内 容 简 介

本书以规范手术基础器械名称、分类及维护保养行为，指导手术室护士正确评估、使用、维护手术器械，减少操作过程中的安全隐患为目的，重点对手术器械的分类、手术器械维护保养常见问题、手术器械检测及维护保养方法等进行了系统介绍。

本书图文并茂，实用性强，可作为手术室护士专科培训用书，也可供相关科室护理人员学习参考。

图书在版编目(CIP)数据

手术基础器械分类及维护保养指南 / 孙育红，钱蒨健，周力主编. —北京：科学出版社，2019.4

ISBN 978-7-03-061017-1

Ⅰ.①手… Ⅱ.①孙… ②钱… ③周… Ⅲ.①手术器械－分类－指南②手术器械－保养－指南 Ⅳ.①TH777-62

中国版本图书馆CIP数据核字（2019）第069058号

责任编辑：张利峰 / 责任校对：李 影
责任印制：肖 兴 / 封面设计：龙 岩

科 学 出 版 社 出版
北京东黄城根北街 16 号
邮政编码：100717
http://www.sciencep.com

北京汇瑞嘉合文化发展有限公司 印刷
科学出版社发行 各地新华书店经销

*

2019 年 4 月第 一 版 开本：720×1000 1/16
2019 年 4 月第一次印刷 印张：6 1/2
字数：93 000

定价：69.00 元

（如有印装质量问题，我社负责调换）

CONTRIBUTORS

编著者名单

主　编　孙育红　钱蒨健　周　力

编　者（以姓氏笔画为序）

丁瑞芳　海军军医大学附属长海医院
于秀荣　解放军总医院海南医院
马　艳　中国医学科学院阜外医院
王　菲　首都医科大学附属北京友谊医院
王　维　上海交通大学医学院附属瑞金医院
王　薇　首都医科大学附属北京同仁医院
王晓宁　上海交通大学医学院附属瑞金医院
王雪晖　上海聚力康投资股份有限公司
文红玲　青海省人民医院
甘晓琴　陆军特色医学中心（大坪医院）
代中军　河北医科大学第二医院
吕　艳　赤峰市医院
乔　玫　江苏省人民医院
许多朵　中国人民解放军总医院
孙育红　中日友好医院
孙梅林　安徽医科大学第一附属医院
李　莉　中国医科大学附属第一医院
吴秀红　中国医学科学院肿瘤医院
沈洁芳　上海交通大学医学院附属瑞金医院
周　力　北京协和医院
周学颖　吉林大学中日联谊医院
周培萱　福建医科大学附属第二医院

郑　琴　南昌大学第二附属医院
郑丽萍　广西医科大学第一附属医院
赵丽燕　西安交通大学第二附属医院
赵体玉　华中科技大学同济医学院附属同济医院
胡文娟　上海交通大学医学院附属仁济医院
贺吉群　中南大学湘雅医院
贾晔芳　兰州大学第一医院
钱文静　上海交通大学医学院附属瑞金医院
钱维明　浙江大学医学院附属第二医院
钱蒨健　上海交通大学医学院附属瑞金医院
曹建萍　南昌大学第一附属医院
龚仁蓉　四川大学华西医院
赖　兰　复旦大学附属华山医院
翟永华　山东大学齐鲁医院
穆　燕　中国科学技术大学附属第一医院（安徽省立医院）

PREFACE

序

手术器械是外科手术必不可少的操作工具，手术器械的性能状态和清洗消毒质量不仅直接决定手术的成功与安全，还会影响患者术后的护理及恢复。现代医学发展日趋专科化、精细化，手术种类显著增多，术中所用器械不断更新。然而手术器械名称不统一、使用方法不规范、缺乏统一的保养检测标准等诸多问题日益突显，严重影响着手术的安全，增加了手术的风险。因此，推广普及手术器械的精细化使用、处理知识和技能是一项十分重要和紧迫的任务。另外，护理装备与材料管理的相关行业标准与技术规范还比较少，为了更好地响应政府相关政策规定和要求，积极协助国家主管部门制定护理装备与材料管理行业规范，大力推动手术器械管理和使用的规范化、科学化，中国医学装备协会护理装备与材料分会手术室专业委员会以高度的社会责任感和职业使命感，围绕我国卫生事业发展和改革大局的需要，认真研究和发掘临床问题、主动搭建专业交流平台，针对目前手术基础器械分类、保养等缺乏行业标准和规范的问题，精心组织编写《手术基础器械分类及维护保养指南》一书。其主要目的就是要规范手术器械名称、分类及维护保养行为，指导手术室护士正确评估、使用、维护手术器械，减少操作过程中的安全隐患，最大限度地确保患者及医护人员的安全，并尽可能地延长手术器械的使用寿命。同时，也为国家行业规范及指南制定提供基础依据和可靠途径，最终实现促进我国手术器械在规范使用、合理处置等方面的健康发展，更好地保障患者手术安全的目标。

《手术基础器械分类及维护保养指南》的编撰付印，凝结了手术室管理者的心血、激情和智慧，更体现了护理专业取得的辉煌成绩、显著发展和长足进步。限于经验不足和时间仓促等主客观因素的影响，本书难免存在不足之处。但我们相信，她犹如一个初生的婴儿，将在业界同仁的关爱与支持下，通过应用实践的不断检验和修正，一定会茁壮成长、日臻完善，从而为更多的手术室管理者答疑解惑，为相关手术操作和安全保驾护航。

中国医学装备协会理事长 赵自林

2018 年 11 月

CONTENTS

目　录

1 概　述

GUIDE

手术器械的性能状态和清洗消毒的质量直接关系到手术安全。不良的手术器械可能导致患者感染、组织损伤、手术时间延长、手术技术失误等风险。随着医学专科细化和手术种类的日益增长，手术器械的精细化使用、处理知识和技能已成为相关医护工作者的需求。预防性维护、小心操作及正确使用，是预防器械耗损与故障及延长使用年限的最优方案。

因此，精细化使用、维护和处理手术器械能保证手术器械处于良好的工作状态，以备手术之用。本书将提供较为完善的手术基础器械用途、质量标准、维护原则和处理意见。

1.1 目的

规范手术基础器械名称、分类及维护保养行为，指导手术室护士正确评估、使用、维护手术器械，减少操作过程中的安全隐患，最大限度地确保患者及医护人员的安全，最大限度地延长手术器械的使用寿命。

指导器械维护人员正确了解手术器械的用途、功能、结构；正确检测手术器械的功能和清洁消毒的质量；正确完成手术器械的预防性保养；正确针对问题器械进行专业处理和维护操作，保障患者的手术安全。

1.2 适用范围

本书适用于普通外科手术的各类可重复使用的手术器械，如无特殊说明，其基本材料为不锈钢。

本书适用于手术室、消毒供应中心的日常工作指导，并为器械采购、临床急救诊疗工作提供指导，推荐作为临床教学的辅助教材。

2

手术基础器械的分类

GUIDE

手术基础器械按照用途，可分为手术刀、剪刀、钳、镊、持针器、拉钩、自动牵开器、骨科器械（骨凿、骨刀、骨撬、剥离子等）、探条、吸引器头等大类。根据其形状性质等细致差别，在使用分类下，衍生出各类器械的进一步分类，一般通过器械名称进行区别和确认。另外，随着外科手术学科的不断发展，在基础手术器械之外，越来越多的电外科器械、腹腔镜器械、动力系统器械应用于临床。

2.1 手术刀

2.1.1 普通手术刀　手术时用于切割组织、器官、肌肉、肌腱等，分为一次性手术刀和可重复使用手术刀。可重复使用手术刀包括刀片和刀柄两部分，刀片为一次性使用，刀柄可重复使用。

2.1.1.1 一次性手术刀

2.1.1.2 可重复使用手术刀——刀柄

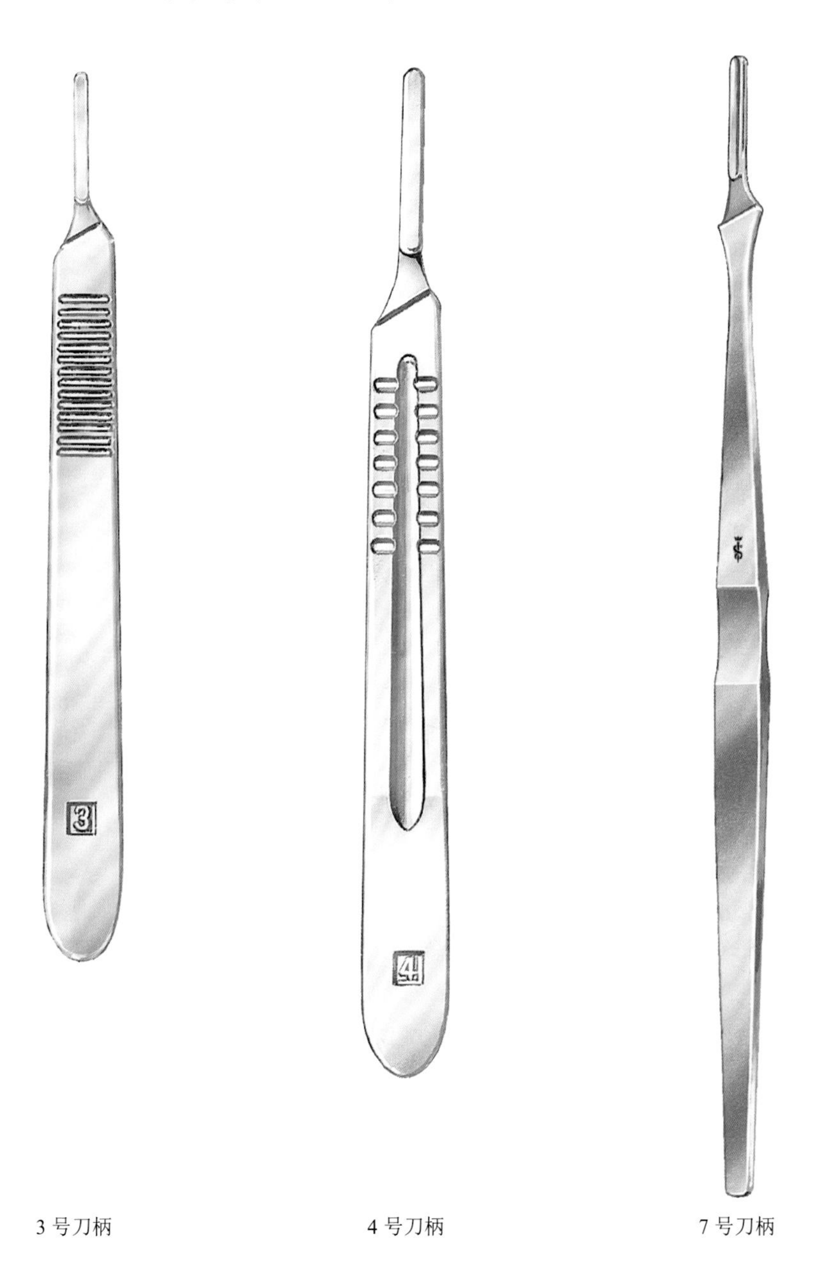

3 号刀柄　　4 号刀柄　　7 号刀柄

2.1.1.3 一次性手术刀片

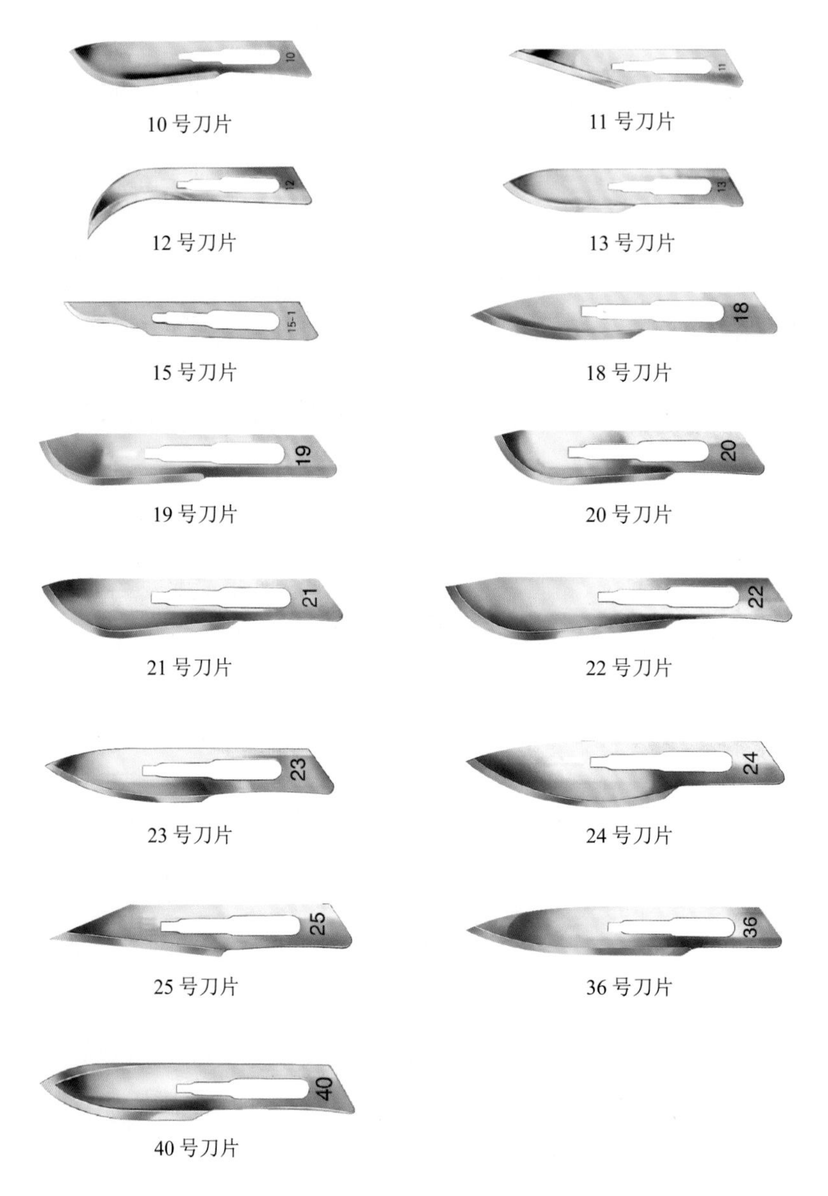

10 号刀片　11 号刀片
12 号刀片　13 号刀片
15 号刀片　18 号刀片
19 号刀片　20 号刀片
21 号刀片　22 号刀片
23 号刀片　24 号刀片
25 号刀片　36 号刀片
40 号刀片

2.1.2 显微刀　常用于心脏外科冠状动脉旁路移植手术或血管外科手术中血管的切割。

2.1.2.1 显微刀柄

2.1.2.2 显微刀片　分为尖刀和圆刀。

2.1.3 **截肢刀**　用于切除人体某个肢体的远端，临床常应用于骨科和手外科，也可应用于乳腺组织的切除。

2.1.4 **耳鼻喉刀柄及刀片**　用于切开扁桃体包膜。

2.2 医用剪刀

医用剪刀：用于手术中剪切皮肤、组织、血管、脏器、缝线、敷料等。根据其结构特点有尖、钝，直、弯，长、短各型。根据其用途分为敷料剪、绷带剪、线剪、 组织剪、显微剪、钢丝剪和骨剪等。

2.2.1 **敷料剪**　用于剪切敷料、吸引管等医疗用品，是门诊、病房和手术室常规用的剪刀，根据手柄材质分为不锈钢手柄敷料剪和高分子材料手柄敷料剪。

2.2.1.1 不锈钢手柄敷料剪

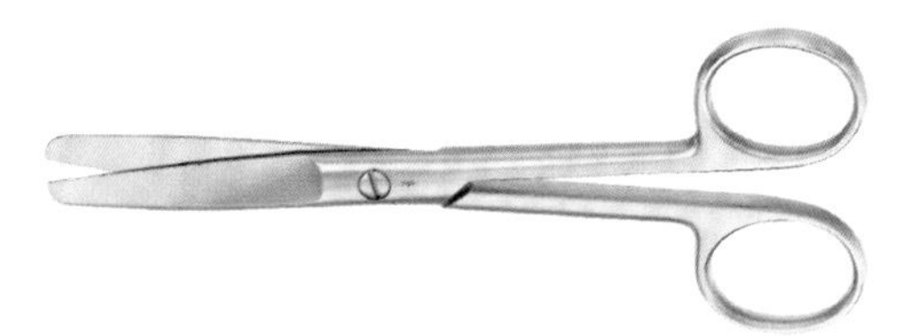

2.2.1.2 高分子材料手柄敷料剪

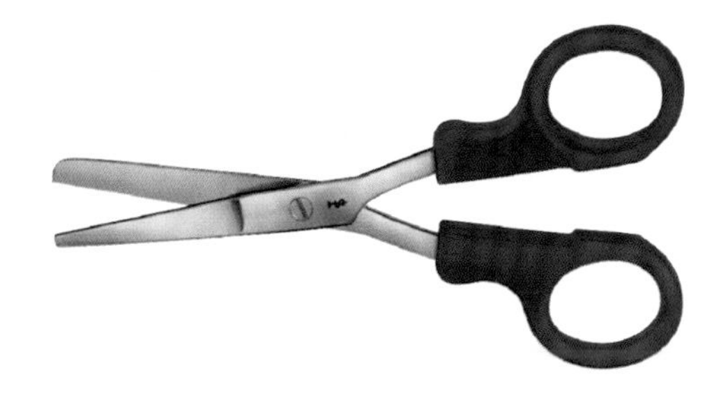

2.2.2 绷带剪　用于裁剪绷带，刀刃通常呈膝状弯曲。长侧刀刃通常有探针设计，当插到绷带下方时可以防止意外损伤的发生。刀刃锯齿状设计可以有效防止绷带滑脱，根据手柄材质分为不锈钢手柄绷带剪和高分子材料手柄绷带剪。

2.2.2.1 不锈钢手柄绷带剪

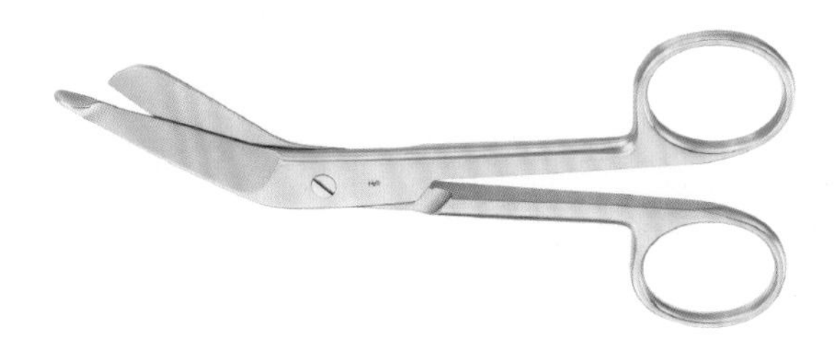

2.2.2.2 高分子材料手柄绷带剪

2.2.3 线剪　用于剪切缝线，线剪刃部比组织剪厚而略长，分为普通线剪和镶片线剪。镶片线剪刀刃含镶片及精细的锯齿，防止缝线剪切打滑。线剪多为直剪，又分为剪线剪及拆线剪，前者用来剪断缝线、敷料、引流管等，后者用于拆除缝线。线剪与组织剪的区别在于组织剪的刃锐薄，线剪的刃较钝厚。所以，在临床操作中绝对禁止以组织剪代替线剪，以免损坏刀刃，造成浪费。

根据剪刀头端的形状、性质不同，普通线剪细化分类如下。

2.2.3.1 普通线剪（双尖头）　一般用于洗手护士在手术台上自行使用，剪掉使用过的缝线。

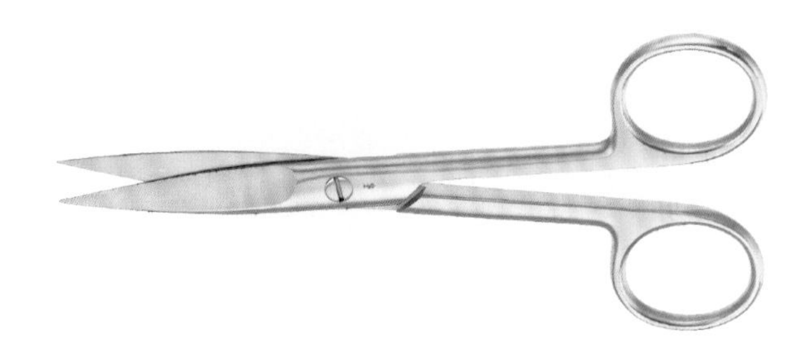

2.2.3.2 普通线剪（双圆头） 一般用于手术台上一助或二助协助主刀剪线使用。

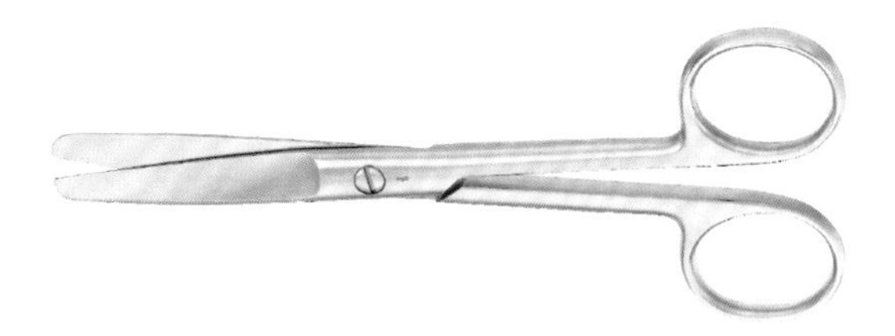

2.2.3.3 普通线剪（尖圆头） 又称为拆线剪，一头钝凹，一头直尖的直剪，用于拆除缝线，钝头可避免损伤患者伤处。

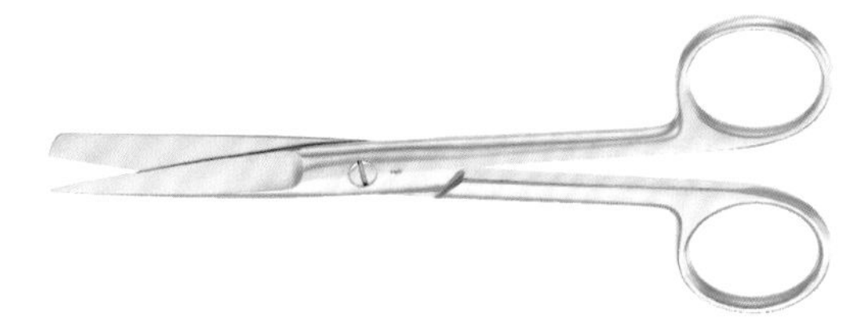

2.2.3.4 碳钨合金镶片线剪 刀刃部含镶片及精细的锯齿，防止缝线剪切打滑。手柄特殊设计，一个手柄为金色，另外一个手柄为银色，圈状手柄不能完全闭合，便于手术台上快速识别，倒角处理，缝线不会被卡线。

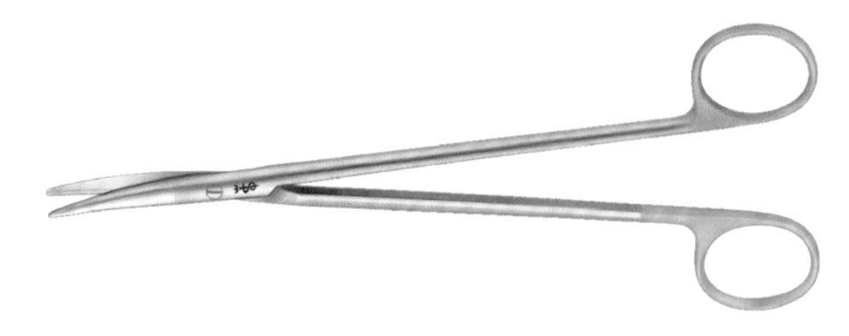

2.2.4 组织剪 又称为梅氏剪或解剖剪，用于剪切组织和血管，钝性分离组织、血管。组织剪刀刃薄、锐利，其头端有直、弯两种类型，大小长短不一。浅部手术操作使用直组织剪，深部手术操作一般使用中号或长号弯组织剪。弯组织剪用于剪开伤口内的深部组织，便于直视观察和操作。根据材质不同，组织剪细化分类如下。

2.2.4.1 超锋利组织剪

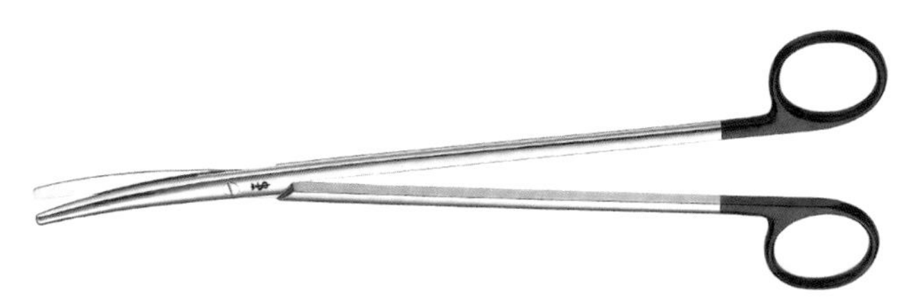

2.2.4.2 铝钛氮合金涂层组织剪

2.2.4.3 碳钨合金镶片组织剪

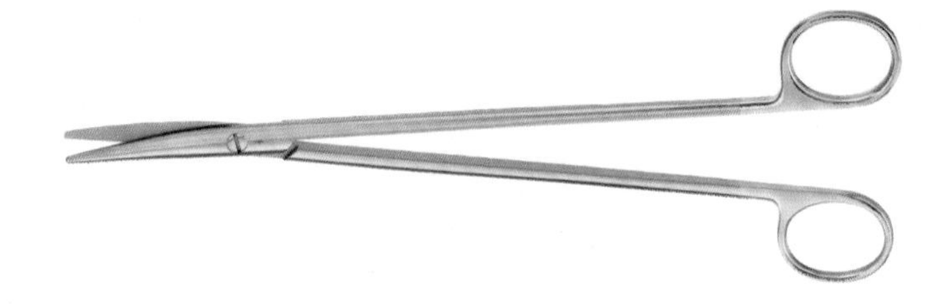

2.2.4.4 标准组织剪

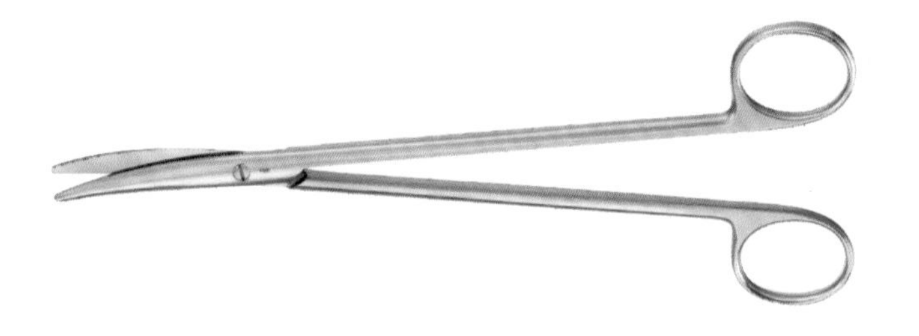

2.2.5 显微剪 显微手术、血管手术或心脏手术中用于修剪血管、神经组织或分离组织间隙。根据医生的手术习惯不同和术式的需要，按照功能可分为标准显微剪和弹簧柄显微剪。根据材质的不同可分为不锈钢显微剪和铝钛氮合金涂层显微剪。铝钛氮合金涂层可使显微剪的表层更坚硬，抵御磨损和腐蚀，使用寿命更持久。显微剪的角度会根据手术需要各有不同，有 25°、45°、60°、90° 和 125°，如冠状动脉旁路移植手术中，45° 和 125° 最为常见。

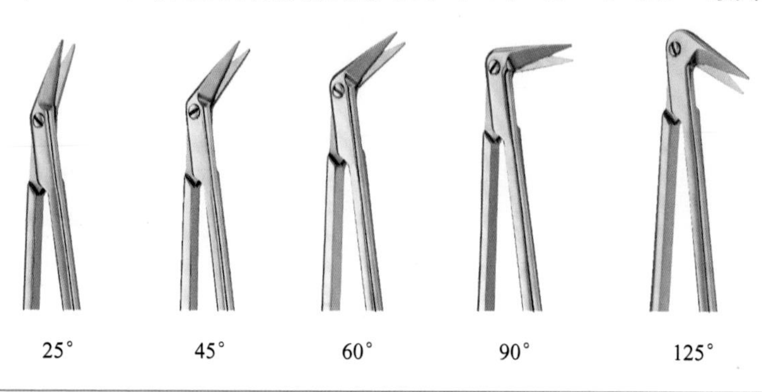

2.2.5.1 标准不锈钢显微剪

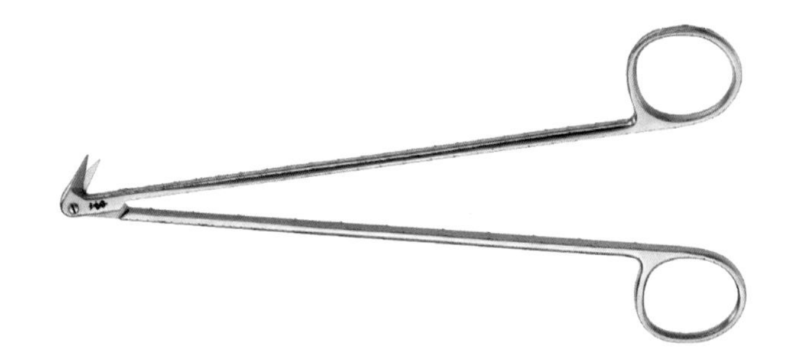

2.2.5.2 弹簧柄不锈钢显微剪

2.2.5.3 弹簧柄铝钛氮合金涂层显微剪

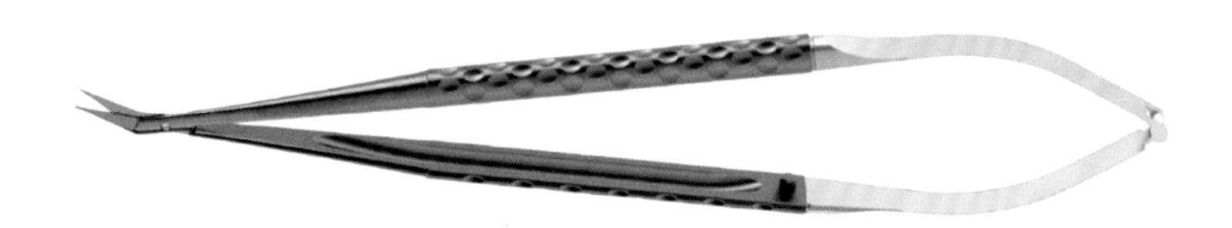

2.2.6 **钢丝剪** 骨科手术或心胸外科手术中用于剪断钢丝或医用克氏针。

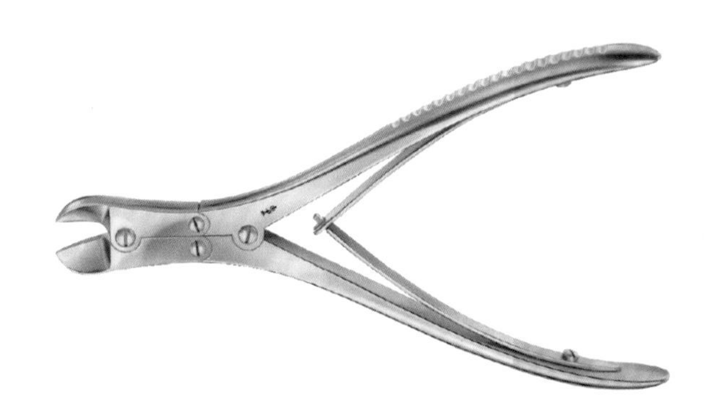

2.2.7 骨剪 骨科或心胸外科手术用于剪断骨骼。

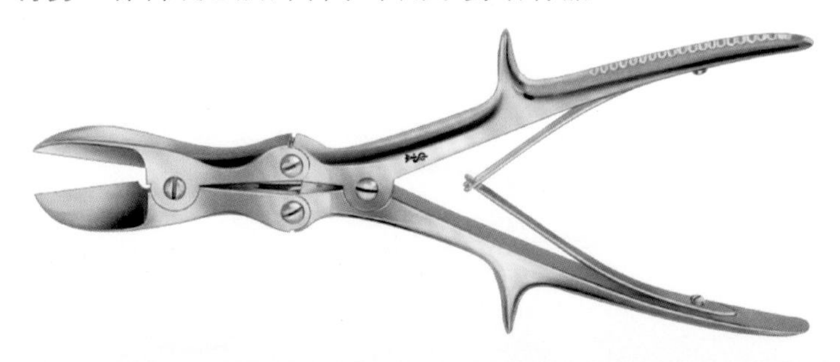

2.3 钳

2.3.1 卵圆钳 又称海绵钳、持物钳，用于手术前夹持海绵或脱脂棉球对手术视野皮肤进行消毒，也可用于手术过程中夹持纱布或棉球吸取创口的血液或脓液，拔脱血管、假体或吸引管，有时亦用其轻轻夹持脏器。根据其头端齿纹的性质可分为有齿卵圆钳和无齿卵圆钳，根据形状可分为直形卵圆钳和弯形卵圆钳。

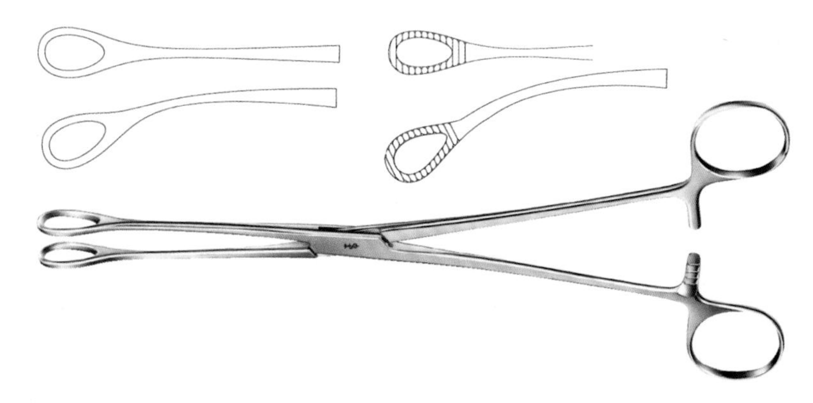

2.3.2 布巾钳 又称为帕巾钳，用于手术中固定手术铺巾。工作端可分为锋利和钝头两种。

2.3.2.1 锋利布巾钳 可穿透布料，适用于手术敷料的固定。

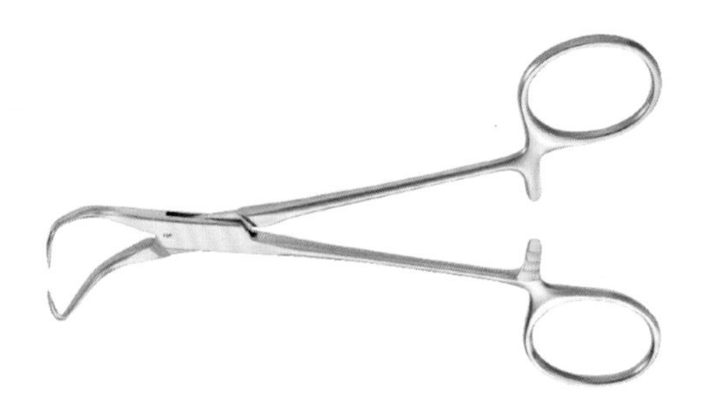

2.3.2.2 钝头布巾钳　对布料和无纺布无穿透性，适用于手术敷料的固定，且不破坏无菌屏障。

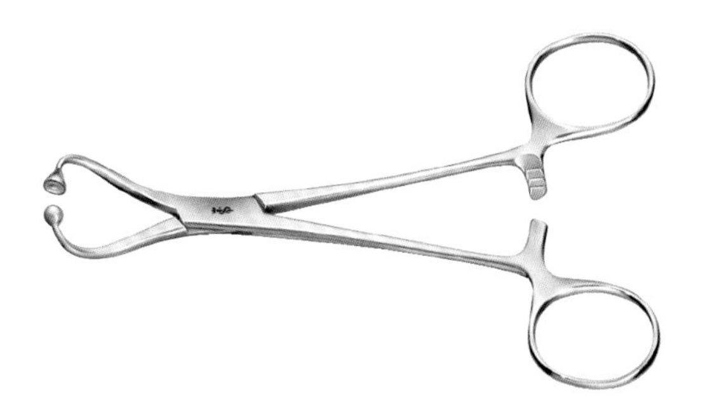

2.3.3 血管钳　又称为止血钳，用于夹持人体组织内的血管或出血点，起到止血作用。止血钳可分为有钩止血钳和无钩止血钳，根据形状又可分为直形止血钳和弯形止血钳。在结构上由于手术操作的需要有不同的齿槽床，可分为横齿、半横齿、斜纹、竖齿、网纹等。

2.3.3.1 蚊式止血钳　头部较细小、精巧的止血钳称为蚊式止血钳，又称为蚊式钳，通常长度在125mm及以下。适于分离小血管及神经周围的结缔组织，用于小血管及微血管的止血，不适宜夹持大块或较硬的组织，临床有时也用于缝线的牵引。根据形状可分为直形和弯形，根据工作端性质可分为标准型和精细型。

2.3.3.1.1 直形蚊式止血钳　125mm。

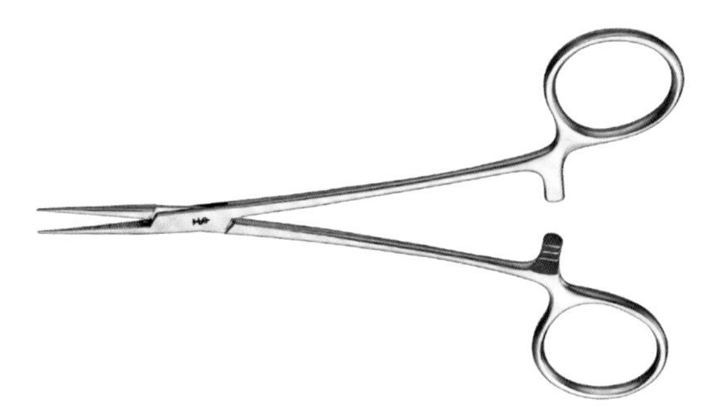

2.3.3.1.2 弯形蚊式止血钳　125mm。

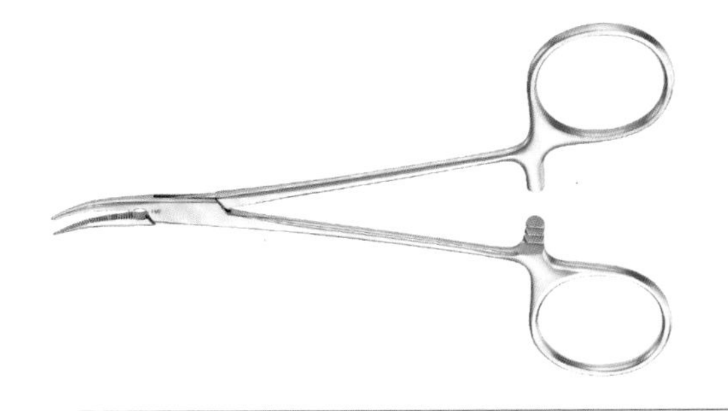

2.3.3.2 无钩止血钳　分为直形止血钳和弯形止血钳。直形止血钳用于手术部位的浅部止血和组织分离，也用于协助拔针，但临床应用没有弯形止血钳广泛。弯形止血钳用以夹持深部组织或内脏血管出血，但不得夹持皮肤、肠管等，以免引起组织坏死，止血时只需扣合 1 ～ 2 个齿即可。临床上根据长短规格，分为小弯、中弯、大弯、长弯等。

2.3.3.2.1 小弯　140mm。

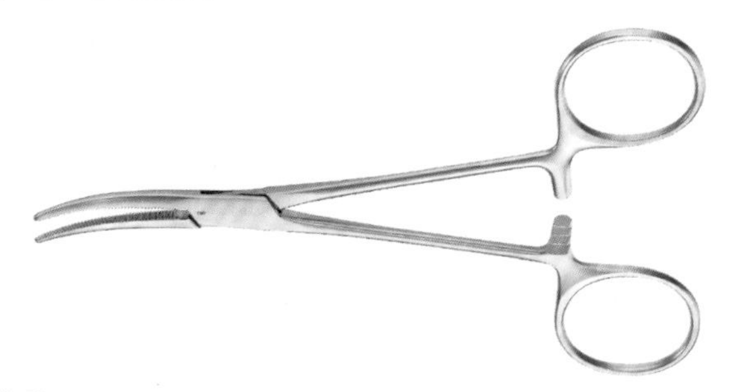

2.3.3.2.2 中弯　160mm。

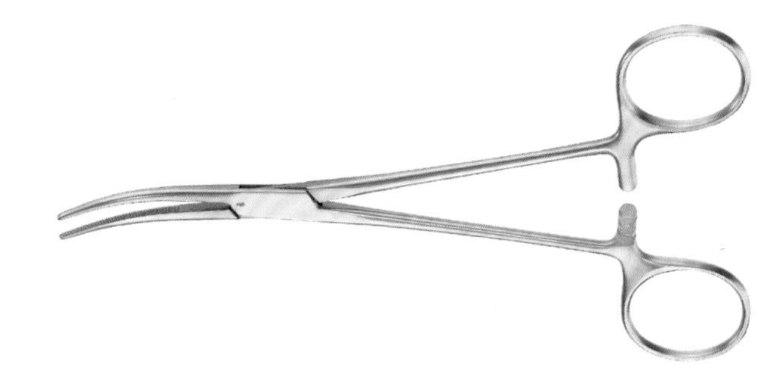

2.3.3.2.3 大弯　180mm。

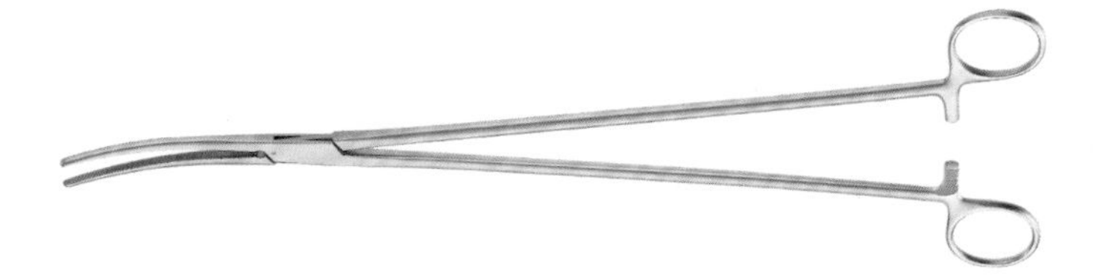

2.3.3.2.4 长弯　220mm 及以上。

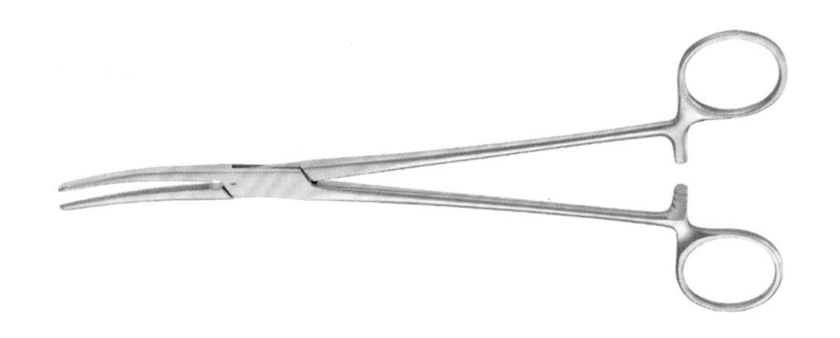

2.3.3.2.5 扁桃体止血钳（半横齿） 180 ～ 200mm。

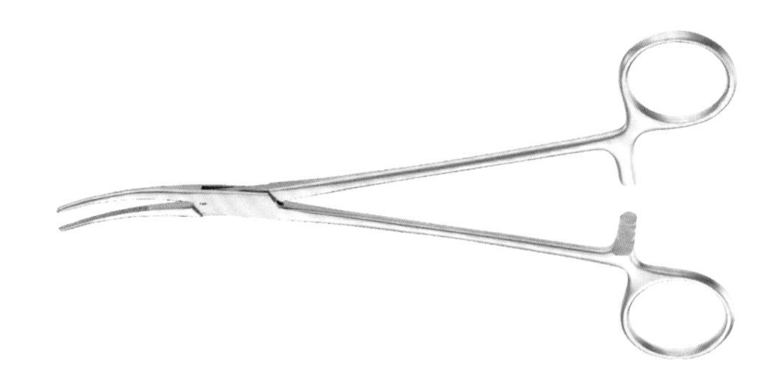

2.3.3.3 有钩止血钳 又称为考克钳、可可钳或克丝钳，主要用于强韧较厚组织及易滑脱组织的血管止血，如肠系膜、大网膜等，也可提拉切口处的部分，不宜夹持血管、神经等组织。前端齿可防止滑脱，但不能用于皮下止血。

2.3.3.3.1 直形考克钳 除以上用途外，可用于夹持钢丝的尾端，用于钢丝的打结、克氏针的夹持。

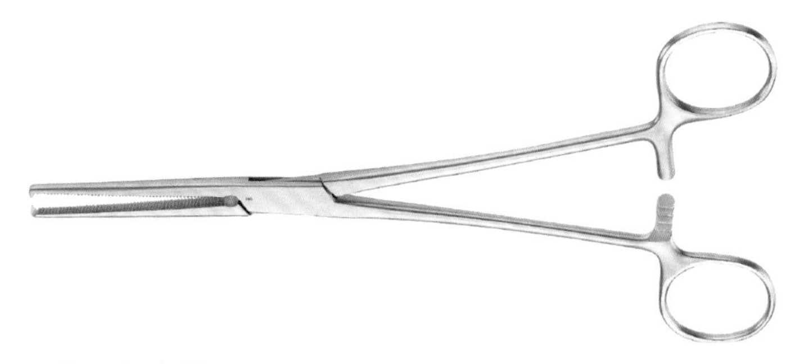

2.3.3.3.2 弯形考克钳

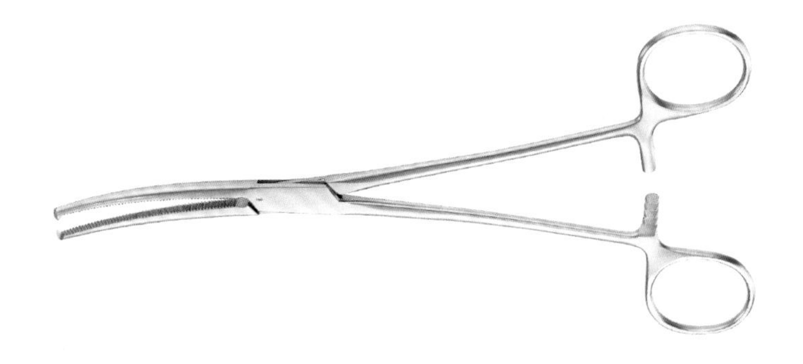

2.3.4 **血管夹** 又称为哈巴狗夹，用于钳夹血管，暂时阻断血流。可分为迷你血管夹、弹簧式可调节血管夹、弹簧式不可调节血管夹和反力式血管夹。

2.3.4.1 迷你血管夹

2.3.4.2 弹簧式可调节血管夹

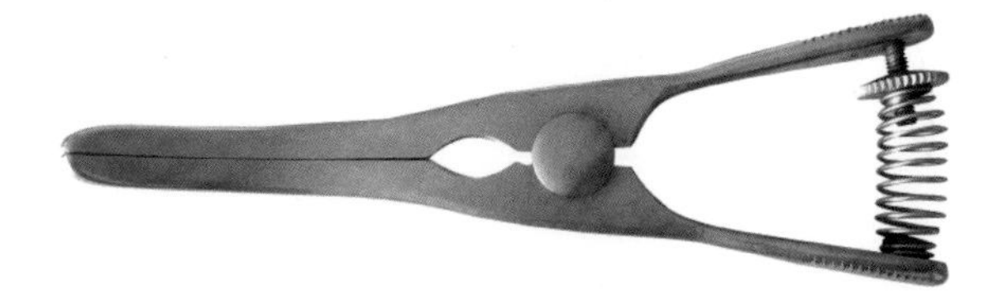

2.3.4.3 弹簧式不可调节血管夹

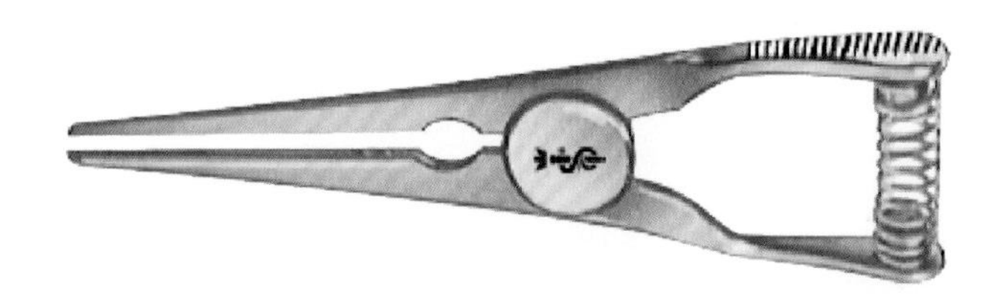

2.3.4.4 反力式血管夹

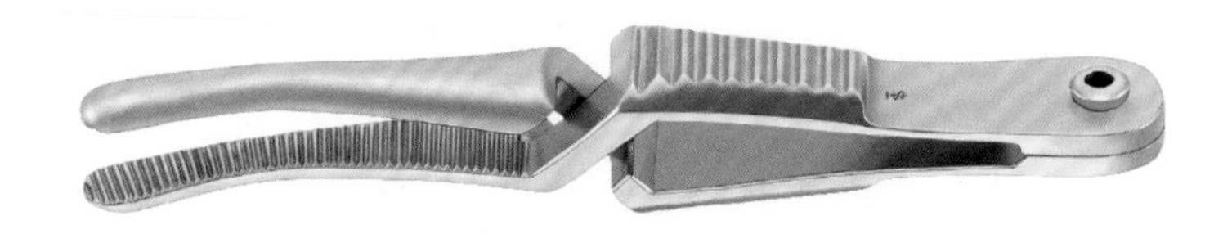

2.3.5 阻断钳　根据应用部位和功能而有不同的名称。例如，根据解剖部位的不同，可分为主动脉钳、心耳钳、腔静脉钳、动脉导管钳、动脉瘤夹钳、侧壁钳等。其核心作用是无创伤地进行全部或者部分血管的阻断和夹闭。根据材质的不同，可分为不锈钢血管阻断钳和钛合金血管阻断钳。由于阻断的组织和位置不同，阻断钳可分为各种不同形状。

2.3.5.1 不锈钢血管阻断钳

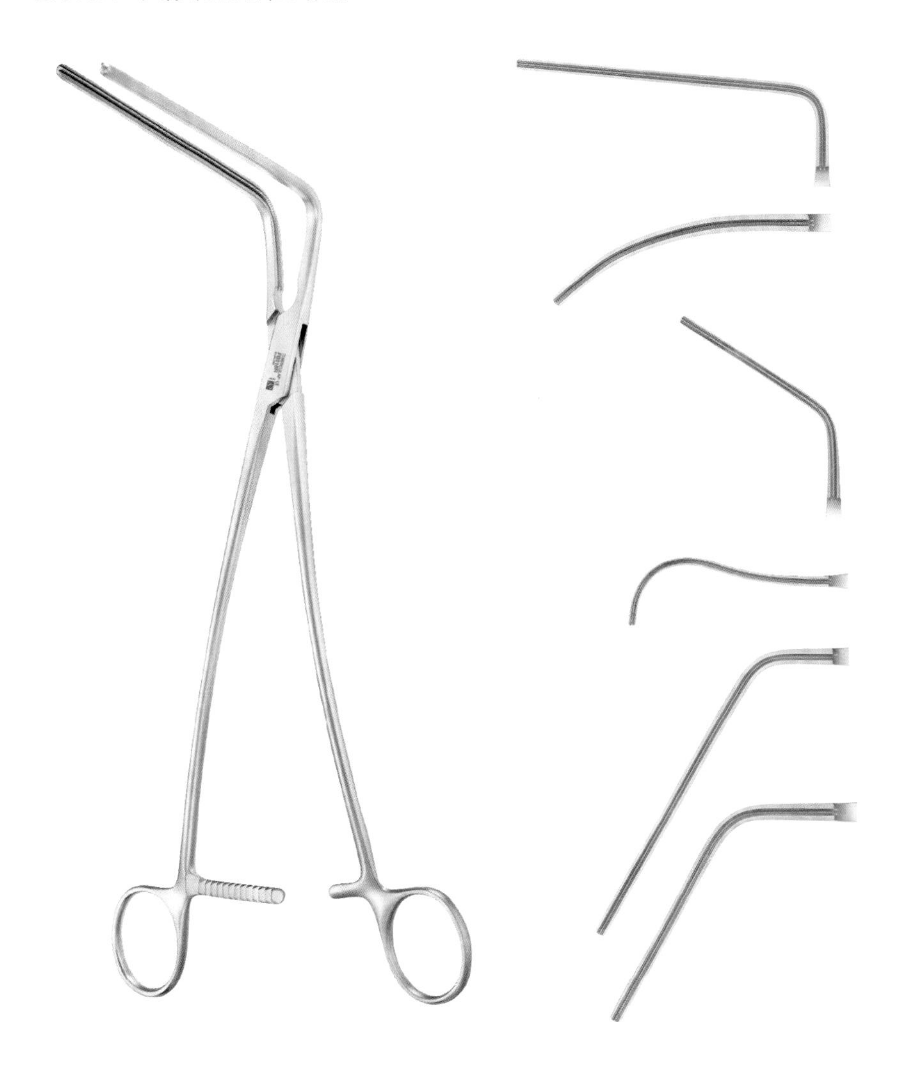

2.3.5.2 钛合金血管阻断钳

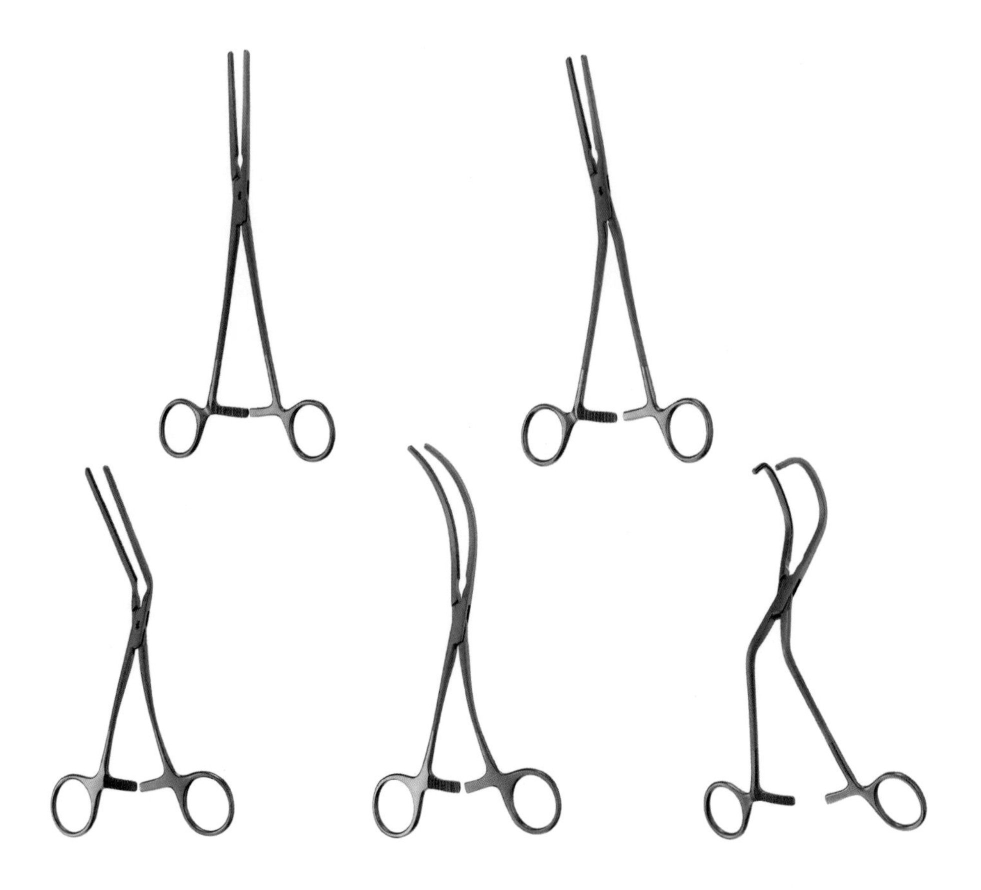

2.3.6 **分离钳** 又称为小直角钳、欧文钳或密氏钳，用于钝性分离，闭合时可以用于分离组织、血管、器官或肌肉，也可用于套扎缝线，用缝线将血管的两头结扎住，此血管即可被离断，不会造成人体出血。分离钳头部圆润，没有任何锋利突出，顶部也没有齿状设计，防止损伤组织。

其中，直角钳特指工作端角度为90°的分离钳，有钝性和锐性头端两种。钝性头端直角钳可用于分离周围血管较丰富，较好分离的组织；锐性头端直角钳可用于分离组织较致密，韧性强的组织；两种头端直角钳都可用于夹持后缝扎或结扎血管。

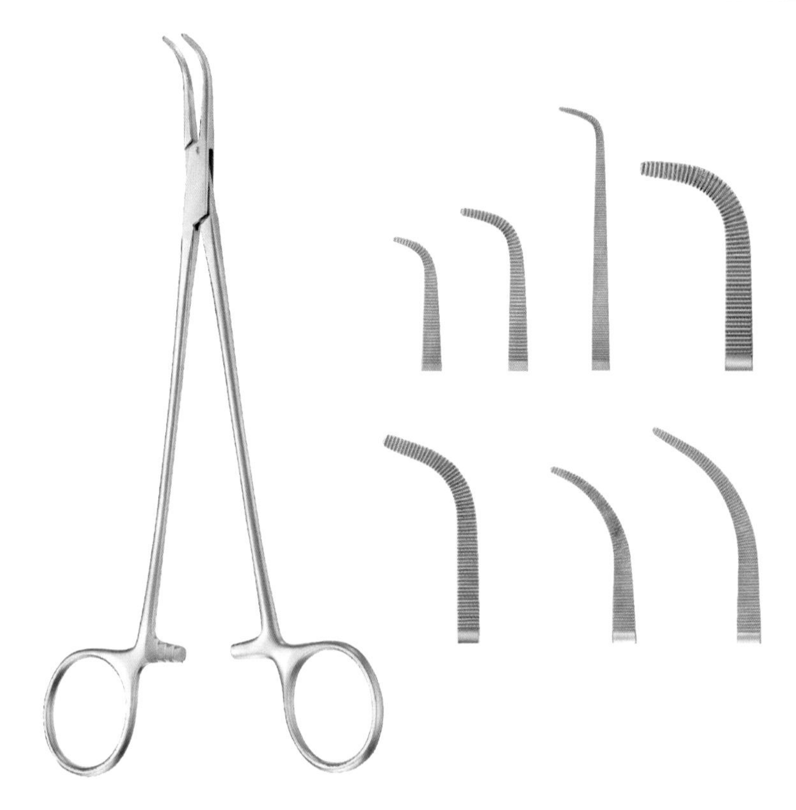

2.3.7 组织钳　常见有艾力斯钳（俗称鼠齿钳），用于夹持组织等做牵拉或固定，根据头端齿纹的性质可分为有损伤组织钳和无损伤组织钳。因有损伤组织钳头端鼠齿损伤较大，不宜牵拉或夹持脆弱的组织器官或血管、神经等。根据手术视野的深浅，组织钳可分为长组织钳和短组织钳。根据头端角度的不同，组织钳可分为直组织钳和弯组织钳。

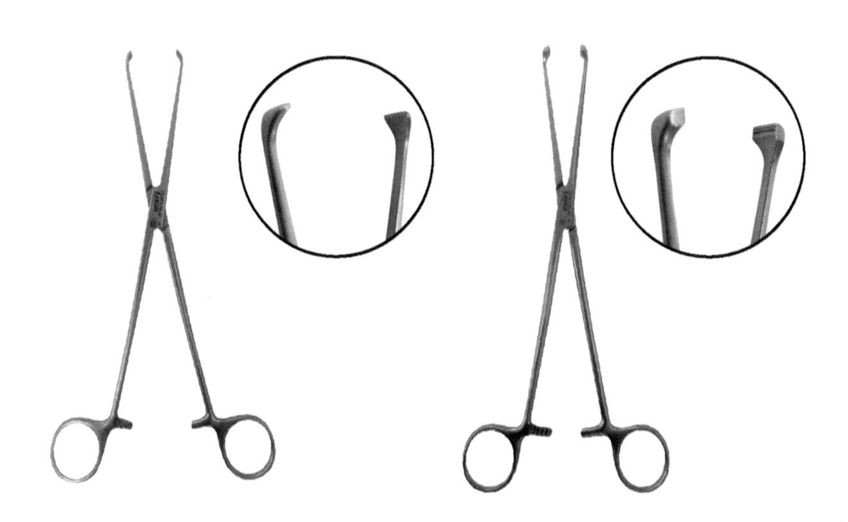

2.3.8 肠钳 用于肠切断或吻合时夹持肠组织以防止肠内容物流出。肠钳头端一般较长且齿槽薄，弹性好，对组织损伤小，使用时可外套乳胶管，以减少对肠壁的损伤。可分为直形肠钳和弯形肠钳，齿形分为纵形齿和斜纹齿。直形肠钳用于夹持表层或浅部的肠组织，弯形肠钳用于夹持不同角度和深部的肠组织。

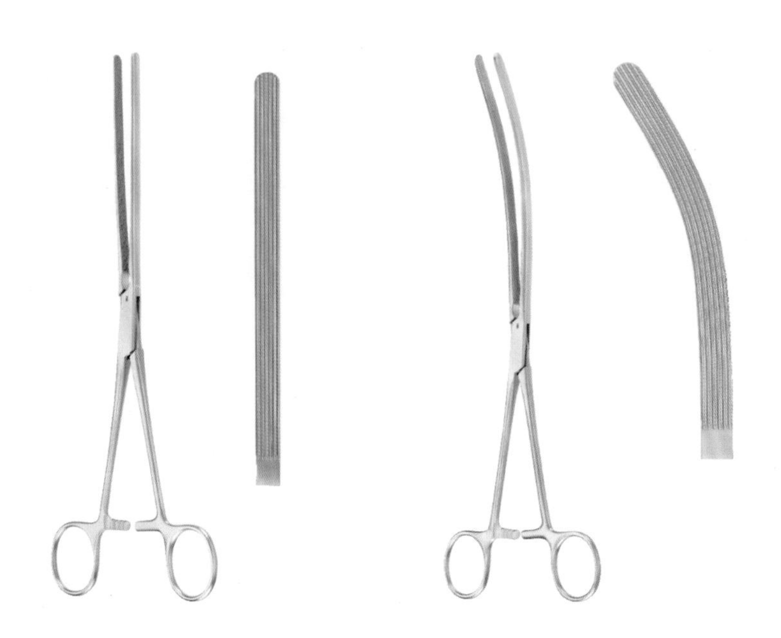

无损伤肠钳 具有DeBakey齿，对肠部组织尽可能地减小损伤。直形肠钳用于夹持表层或浅部的肠组织，弯形肠钳用于夹持不同角度和深部的肠组织。头端可根据需要选择不一样的长度。

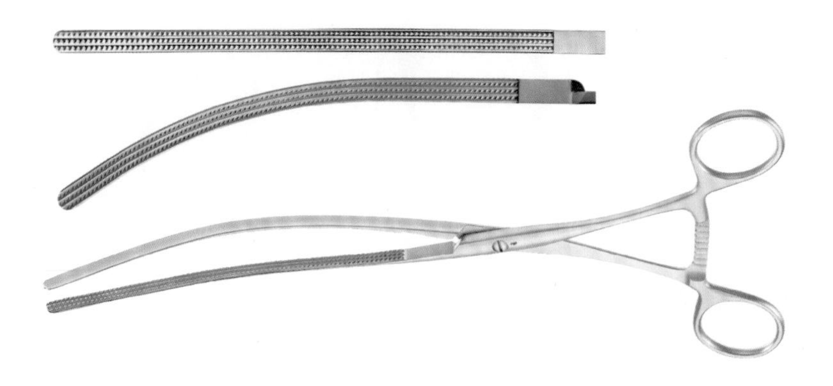

2.3.9 肺叶钳 用于夹提、牵引肺叶，以显露手术野。

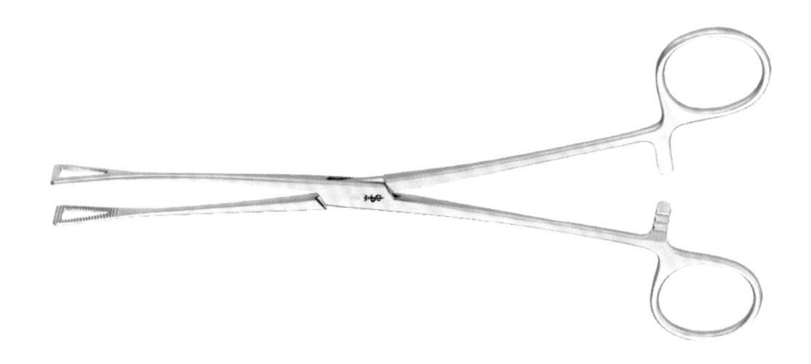

2.3.10 肾蒂钳 用于泌尿外科手术中钳夹肾蒂血管，也称为套带钳。也可用于心外科手术中游离升主动脉套带或游离上下腔静脉套带等，根据需要有不同的角度。

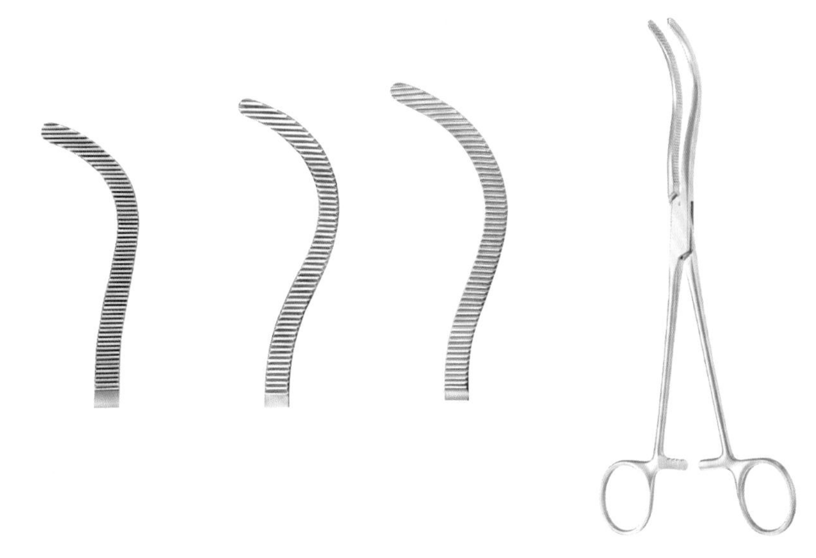

2.3.11 阑尾钳 用于夹提、固定阑尾或输尿管等组织。

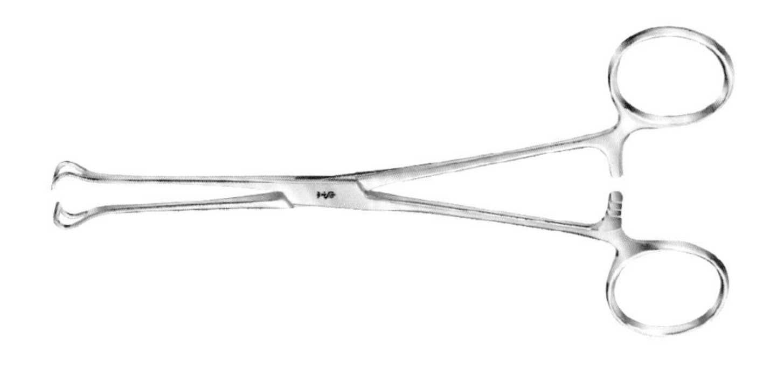

2.3.12 **取石钳** 通常分为胆石钳和肾石钳，用于夹取结石。

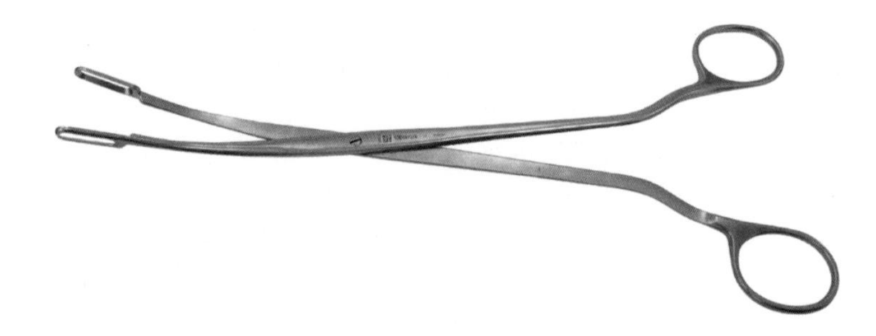

2.3.13 **胃钳** 用于钳夹胃或结肠残端。

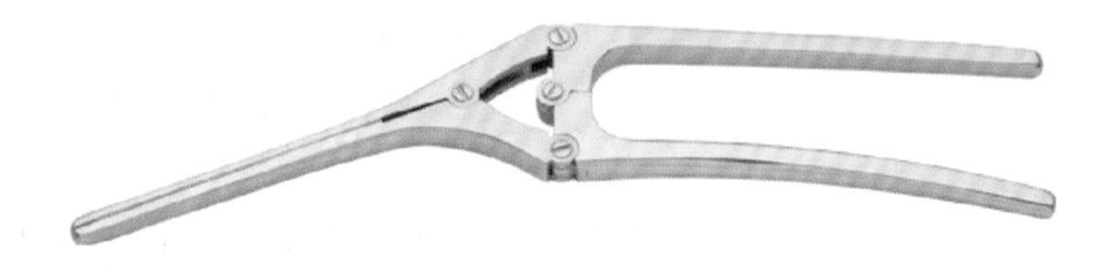

2.3.14 **荷包钳** 胃肠手术中做荷包专用。

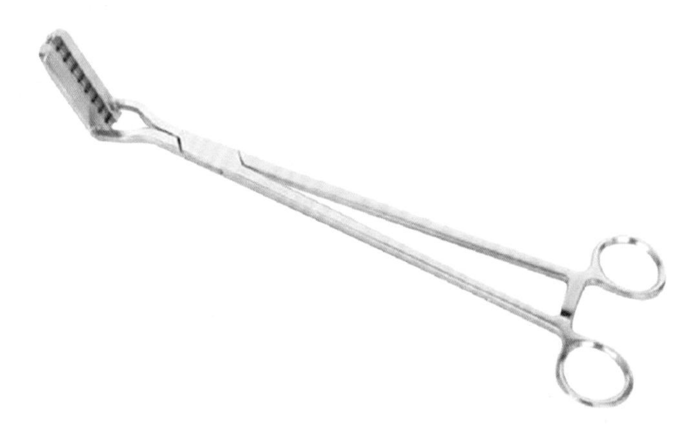

2.3.15 **产钳** 用于产科顺产术中接生婴儿使用。分为单叶产钳和双叶产钳。

2.3.15.1 单叶产钳

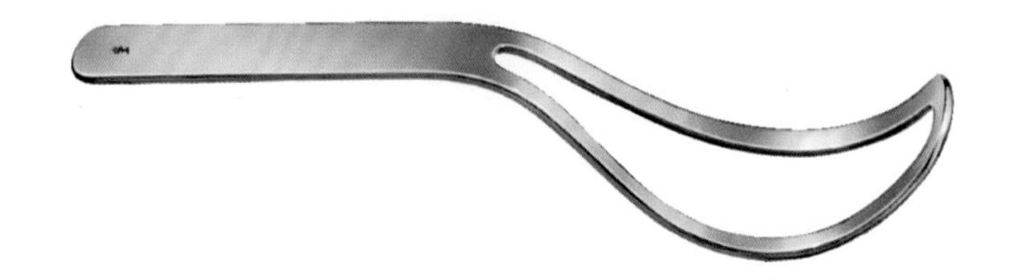

2.3.15.2 双叶产钳

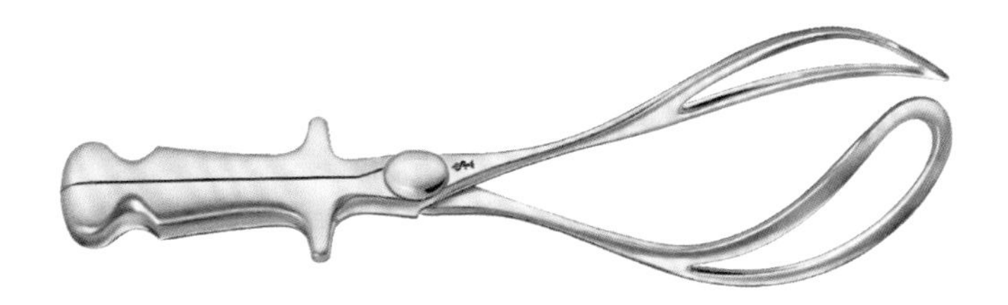

2.3.16 咬骨钳 用于骨科手术中咬除、修整骨组织。咬骨钳可分为椎板咬骨钳、单关节咬骨钳、双关节咬骨钳等。咬骨钳一般为不锈钢加工制成。椎板咬骨钳与其他咬骨钳不太一样，其主要包括连动钳手柄，连动手柄与钳柄连接，钳柄前端为钳头和与钳头相对应的咬切钳，在咬切钳上设有接骨装置，可使手术所产生的碎骨落入接骨装置中，不会遗留在术腔，避免术后再次寻找、清除碎骨，节约了手术时间。咬骨钳由于力的大小、咬骨方位不同而设置了单关节和双关节，头部为橄榄碗口形，主要用于骨头的咬合。根据工作端的形状可分为直头咬骨钳、弯头咬骨钳。弯头咬骨钳中一种采用鹰嘴式设计，临床习惯称为鹰嘴咬骨钳，更方便在各种术野较小的情况下操作。

2.3.16.1 椎板咬骨钳

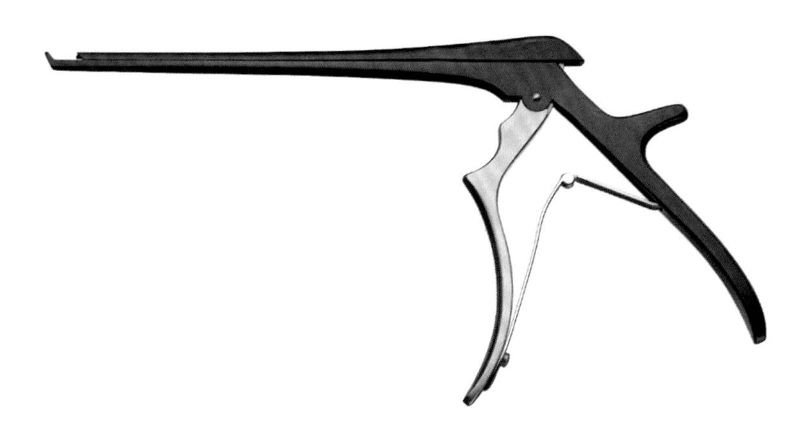

2.3.16.2 单关节咬骨钳

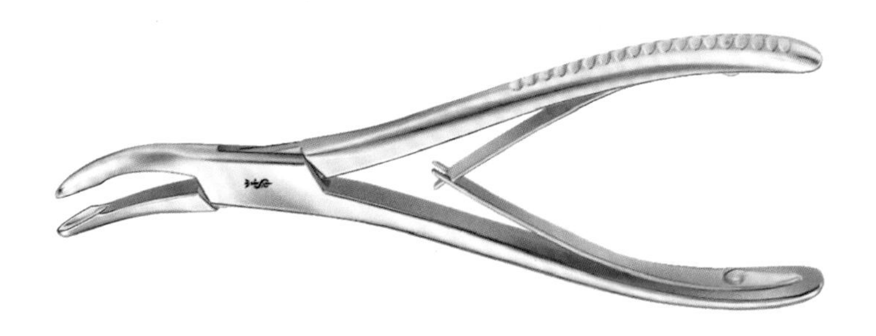

2.3.16.3 双关节咬骨钳

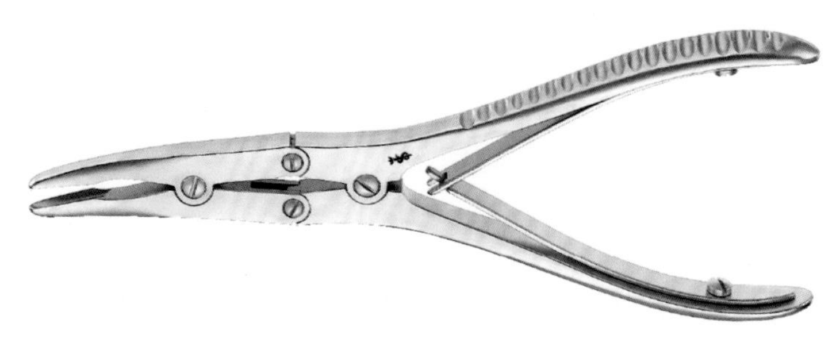

2.3.16.4 鹰嘴咬骨钳

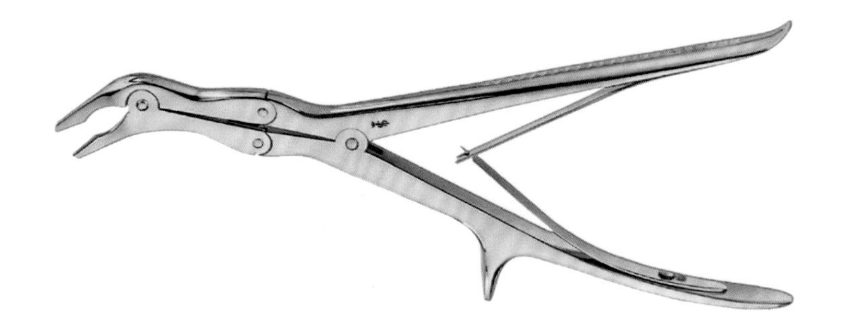

2.4 镊

2.4.1 组织镊 用于夹持较脆弱的组织，如腹膜、胃肠道壁黏膜等，损伤性较小，也可以用于夹取外科用品（如吸引管、棉球、缝线等）放到手术区域。在病房和急诊等科室主要用于更换敷料或者清洁手术伤口。

根据头端齿形的不同可分为有齿组织镊和无齿组织镊。根据工作端形状分为直形、弯形和 Adson 镊。Adson 镊又称为整形镊，头端直径非常精细，一般用于整形外科、眼科和显微外科等精细手术。

2.4.1.1 直形无齿组织镊

2.4.1.2 弯形无齿组织镊

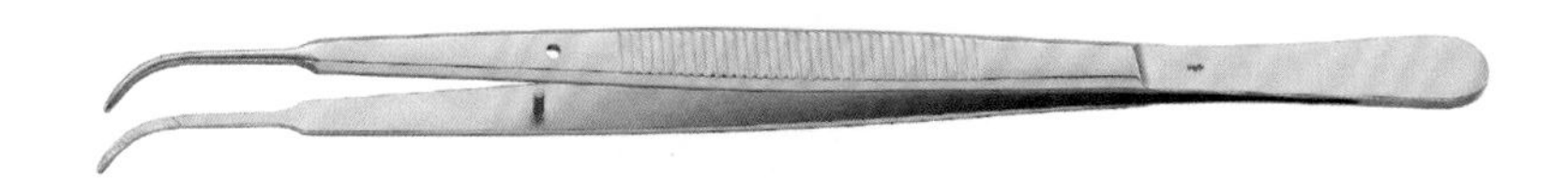

2.4.1.3 Adson 无齿组织镊

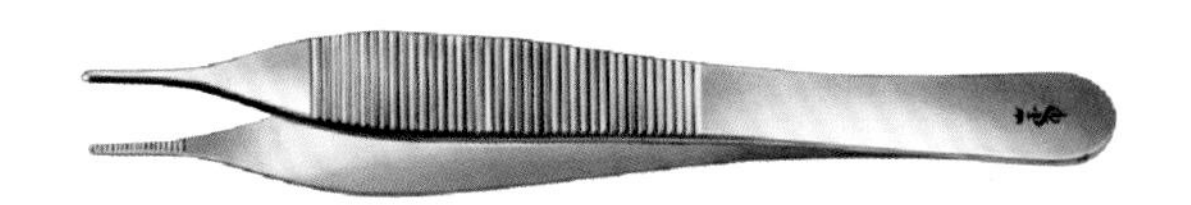

2.4.2 有齿镊 用于夹持皮肤、筋膜、肌腱和瘢痕组织等坚韧组织，夹持较牢固。可造成组织穿透，形成的压力比组织镊小。有齿镊抓取组织可避免组织变形，也可避免可能的组织坏死。肠、肝脏和肾脏等脆弱器官不能用有齿镊夹取，因为有齿镊的齿部会穿透器官，造成损伤和出血。根据有齿镊工作端齿形可分为单齿镊、双齿镊和多齿镊。根据有齿镊形状可分为直形有齿镊、弯形有齿镊和 Adson 有齿镊。

2.4.2.1 直形有齿镊

2.4.2.2 弯形有齿镊

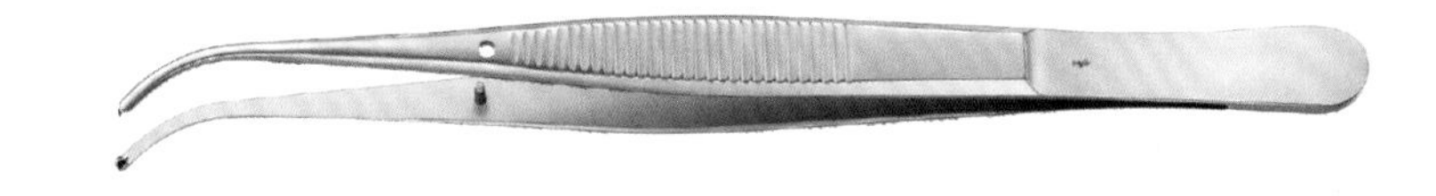

2.4.2.3 Adson 有齿镊

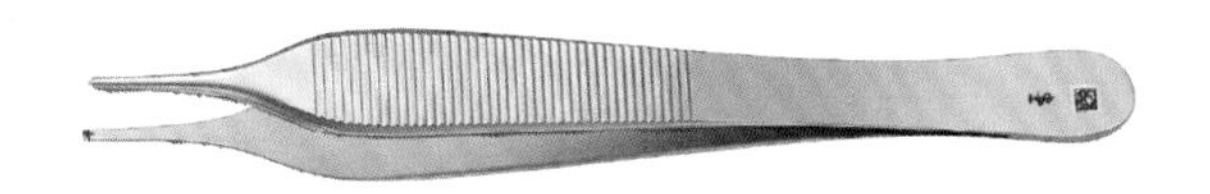

2.4.3 无损伤镊 用于显微手术血管的吻合，肠、肝脏和肾脏等精细脆弱的组织抓持。无损伤的齿部设计可以降低对组织造成创伤的风险。工作端有镶片的镊子也被认为是无损伤镊。无损伤镊不能用于拔取缝针，镶片设计使其能够可靠地抓持组织、血管或缝针。

2.4.3.1 DeBakey 无损伤镊

2.4.3.2 镶片无损伤镊

2.4.4 显微镊 显微镜下或手术放大镜下用于夹持细小而脆弱的神经、血管等组织。富有弹性，根据头端设计不同可分为平台镊、环形镊、无损伤镊和金刚砂镊。根据材质不同可分为不锈钢显微镊、钛合金显微镊和铝钛氮合金涂层显微镊。金刚砂涂层能可靠地抓持缝针、血管和组织，更耐磨损。铝钛氮合金涂层可抵御磨损和腐蚀，使用寿命更持久。

2.4.4.1 不锈钢平台显微镊

2.4.4.2 不锈钢环形显微镊

2.4.4.3 不锈钢无损伤显微镊

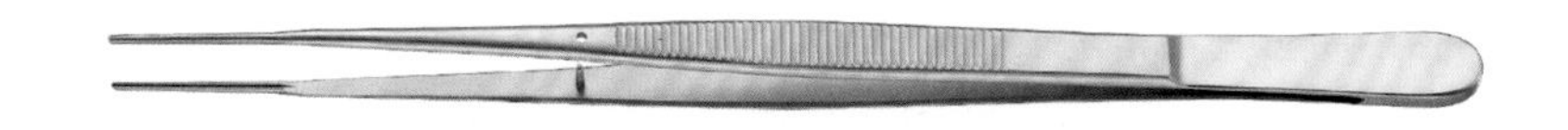

2.4.4.4 不锈钢金刚砂显微镊

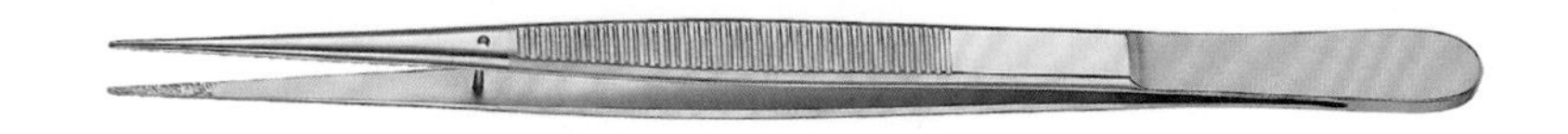

2.4.4.5 钛合金平台显微镊

2.4.4.6 钛合金环形显微镊

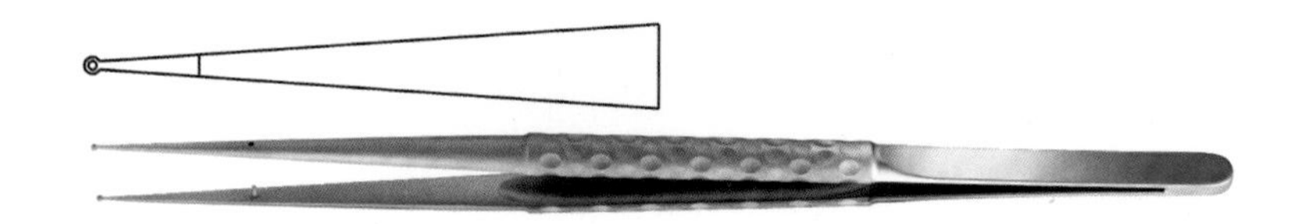

2.4.4.7 钛合金无损伤镊

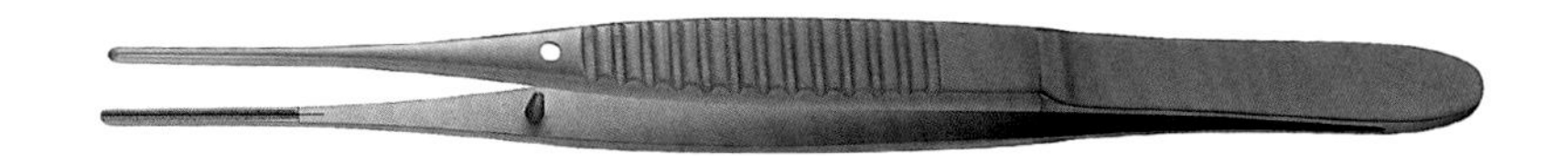

2.4.4.8 钛合金无损伤显微镊

2.4.4.9 铝钛氮合金涂层金刚砂平台显微镊

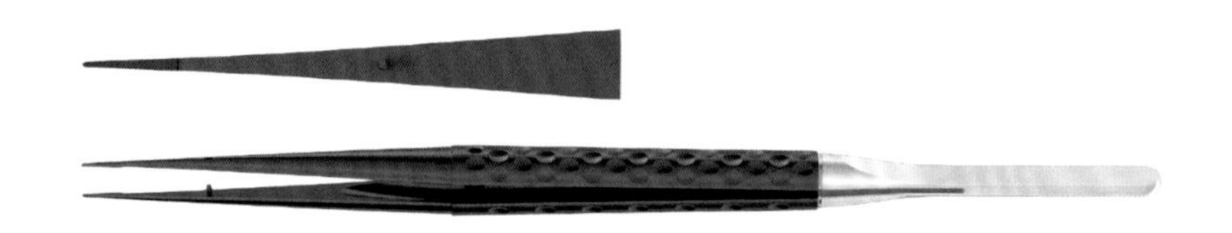

2.4.4.10 铝钛氮合金涂层金刚砂环形显微镊

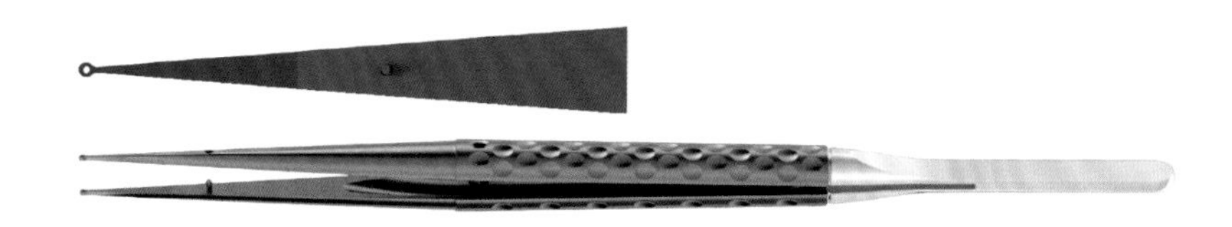

2.4.4.11 铝钛氮合金涂层无损伤显微镊

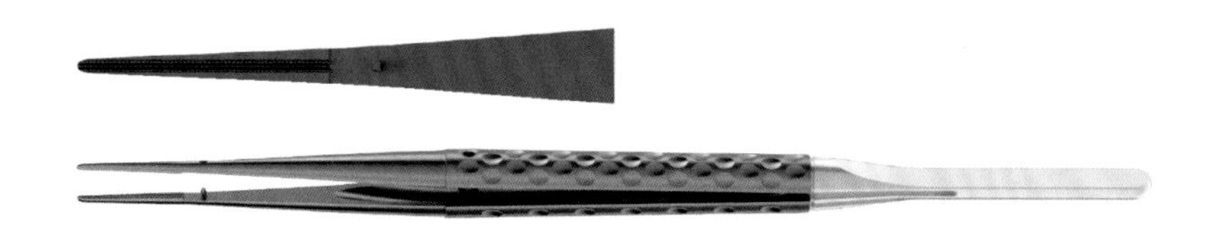

2.5 持针器

持针器：用于夹持缝针，缝合组织，有时也用于器械打结。工作端内有交叉齿纹使夹持缝针稳定，不易滑脱。多数情况下夹持的针尖应向左，特殊情况可向右。持针器必须与相应的缝线配合使用，以免出现吸针及卡线现象。持针器可分为普通型、镶片型、带剪刀型和双关节型及显微型。镶片持针器带金色圈状手柄。普通持针器按照齿纹通常可分为光面、细纹、粗纹和粗纹有槽等系列。镶片持针器按照齿纹通常可分为光面（对应夹持 9/0 ～ 11/0 的缝针）、细纹（对应夹持 6/0 ～ 10/0 的缝针）、标准纹（对应夹持 4/0 ～ 6/0 的缝针）、粗纹（对应夹持 3/0 ～更粗的缝针）等系列。持针器按照头端形状可分为宽头和标准头和窄头系列。

2.5.1 普通持针器

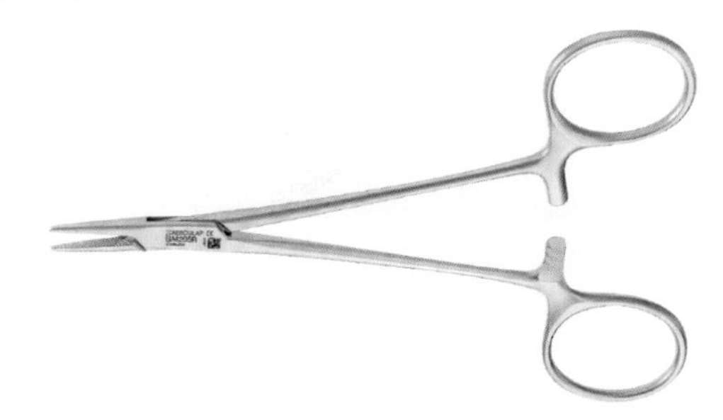

2.5.2 碳钨合金镶片持针器

2.5.3 带剪刀持针器

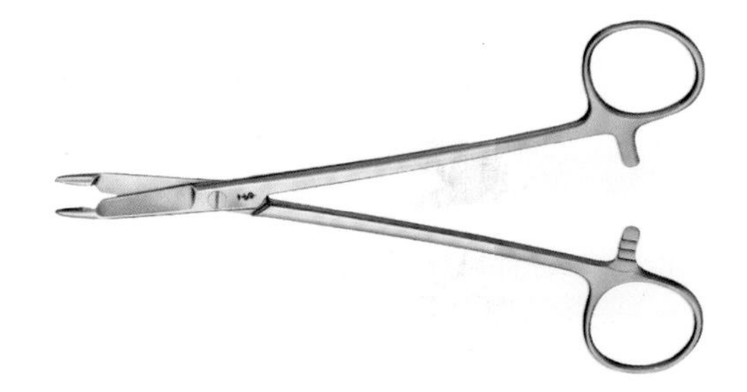

2.5.4 双关节持针器

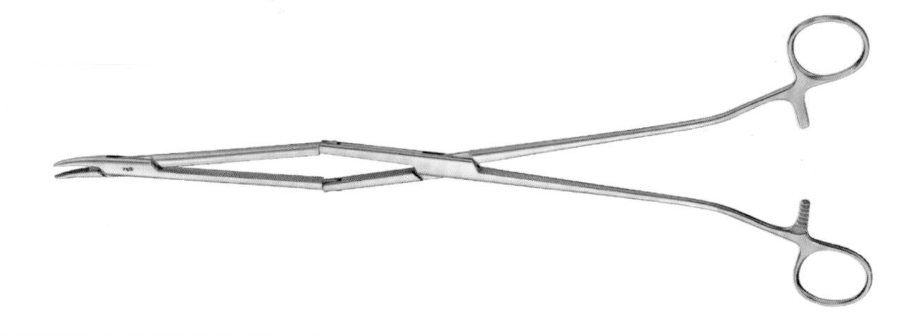

2.5.5 显微持针器 用于显微手术、心外旁路移植手术或肝移植手术等夹持精细缝针的持针器。根据材质的不同分为不锈钢显微持针器、钛合金显微持针器和铝钛氮合金涂层显微持针器。根据工作端的不同分为不锈钢显微持针器、碳钨合金镶片显微持针器和金刚砂涂层显微持针器。

2.5.5.1 不锈钢显微持针器

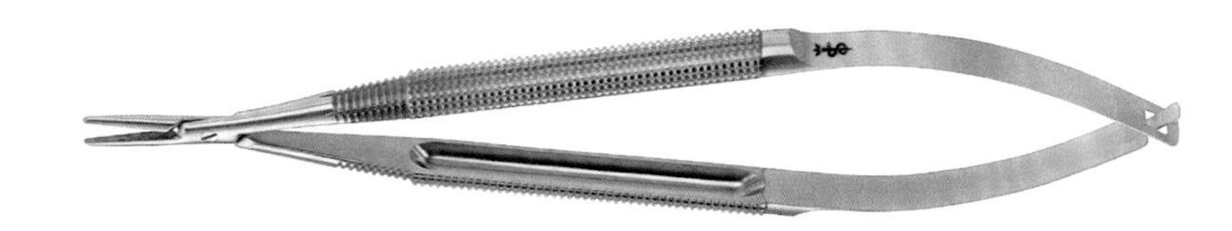

2.5.5.2 钛合金显微持针器

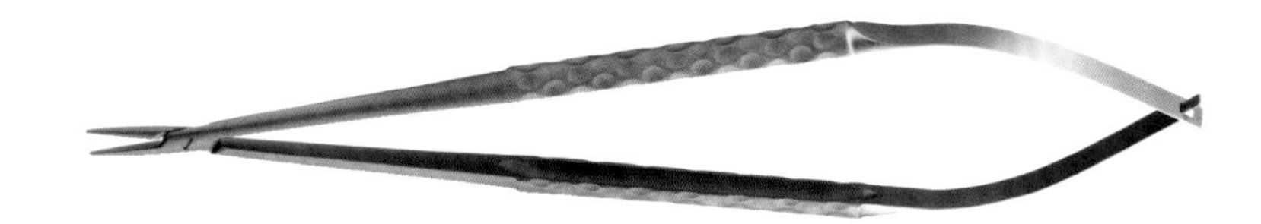

2.5.5.3 铝钛氮合金涂层显微持针器

2.6 拉钩

拉钩：有不同形状、大小，用于牵开切口、显露术野，便于手术操作。拉钩种类繁多，大小、形状不一，需根据手术部位、深浅进行选择。

2.6.1 皮肤拉钩 用于牵拉皮肤、皮下组织，从而显露手术视野，或直接用于浅部手术的皮肤拉开。按照工作端不同皮肤拉钩可分为钝型、锋利型、半锋利型，最多有 8 个齿。与锋利型的皮肤拉钩相比，钝型皮肤拉钩属于相对无创型。半锋利型皮肤拉钩照顾到了上述两个特性，既相对无创，又能更好地抓取组织。皮肤拉钩的手柄设计以条状为佳，可以防止手部产生疲劳感。

2.6.2 组织拉钩 用于牵开不同层次和深度的组织和器官，以显露手术视野，腹壁切开时也用于皮肤、肌肉牵拉。分为单头组织拉钩和双头组织拉钩。

2.6.2.1 单头组织拉钩

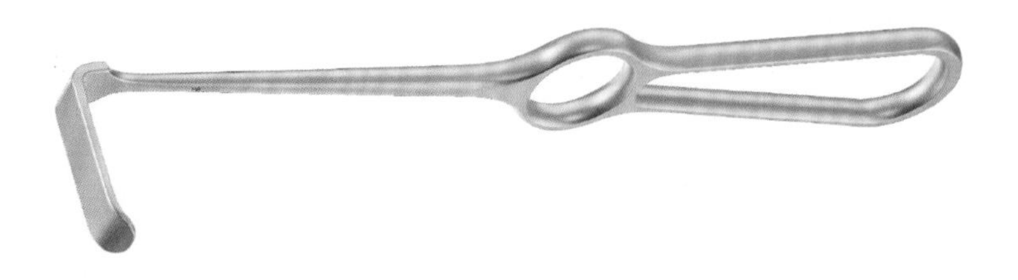

2.6.2.2 双头组织拉钩

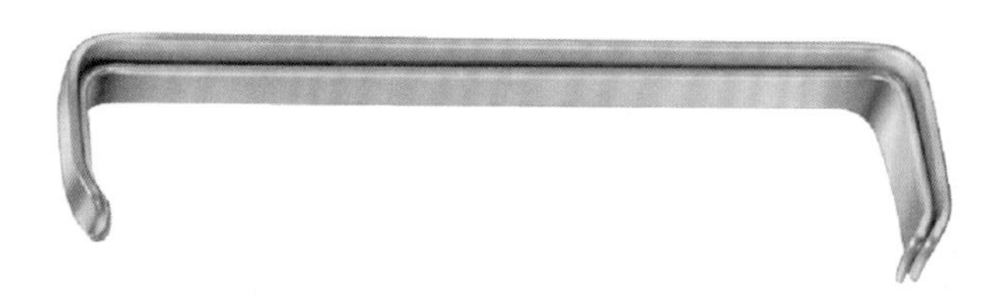

2.6.3 甲状腺拉钩 用于浅部切口牵开显露，常用于甲状腺手术部位的牵拉暴露或切开皮肤后浅层暴露。

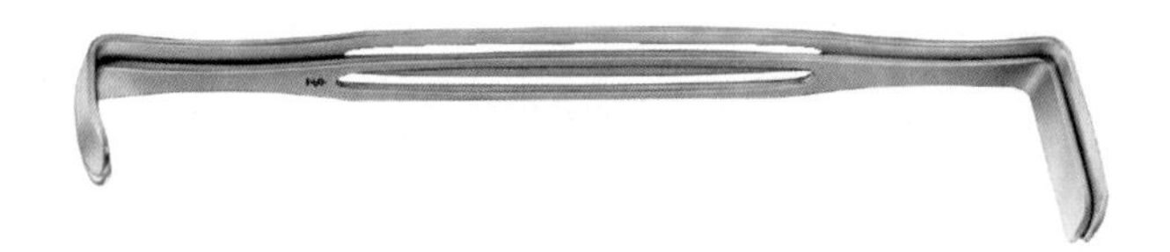

2.6.4 腹部拉钩 用于牵拉腹壁，显露腹腔及盆腔脏器。拉钩侧面有弧度，保护腹壁不受损伤，拉钩的衡量通常使用深度和宽度。较宽大的平滑钩状，用于腹腔较大的手术，分为单头腹部拉钩和双头腹部拉钩。

2.6.4.1 单头腹部拉钩

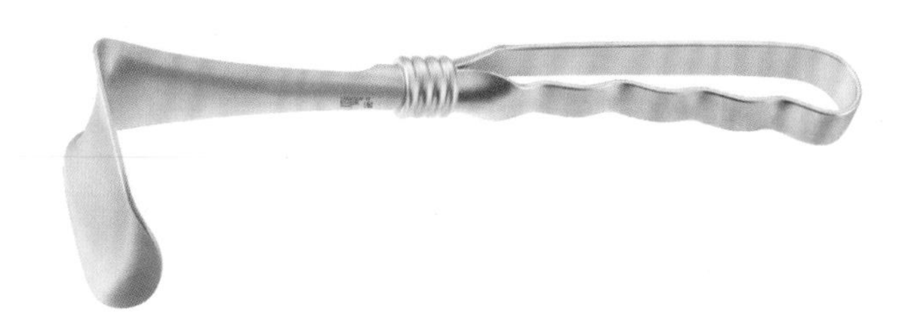

2.6.4.2 双头腹部拉钩

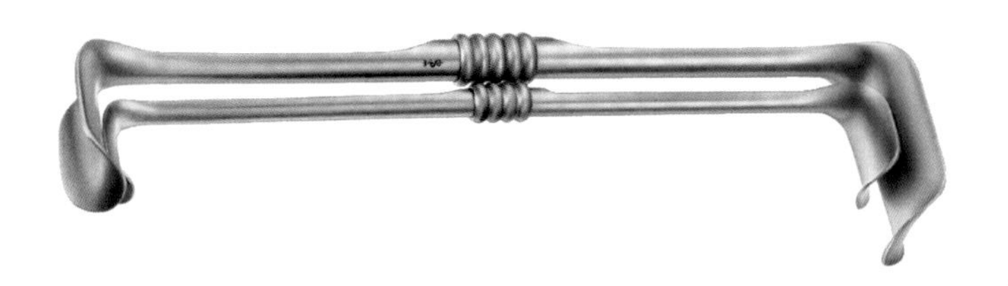

2.6.5 **S 拉钩** “S”状腹腔深部拉钩，用于腹部深部软组织牵拉，显露手术部位或脏器。使用拉钩时，一般用纱垫将拉钩与组织隔开，以免损伤组织。

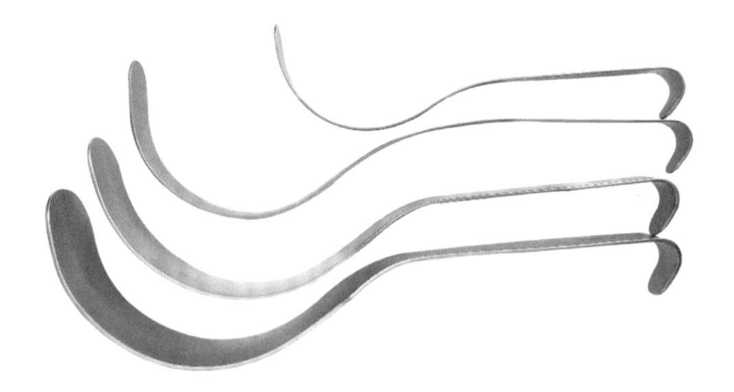

2.7 自动牵开器

2.7.1 **乳突牵开器** 用于浅表手术自行固定牵开，双关节乳突牵开器更好，不占用空间。

2.7.1.1 单关节乳突牵开器

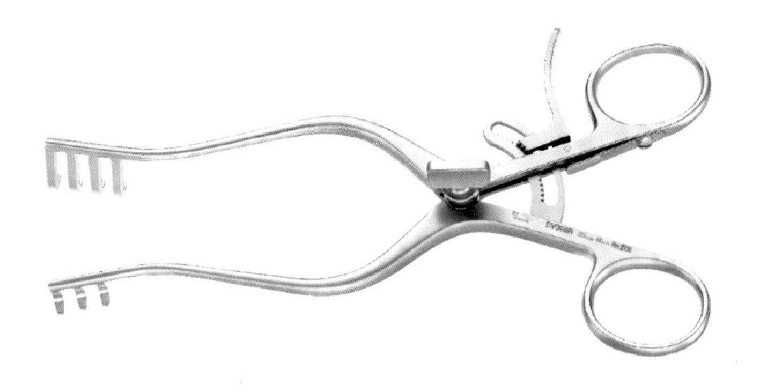

2.7.1.2 双关节乳突牵开器

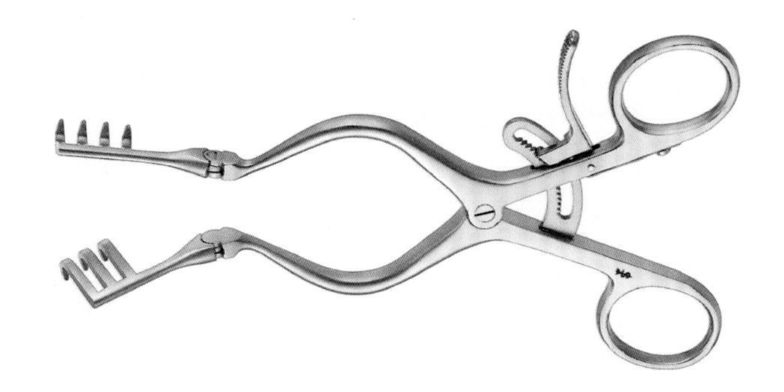

2.7.2 腹壁牵开器 用于腹腔、盆腔手术自行固定牵开，中心叶片可以拆卸，中心拉钩片侧面有弧度，保护腹壁不受损伤。用深度和宽度来衡量拉钩，较宽大的平滑钩状，用于腹腔较大的手术。

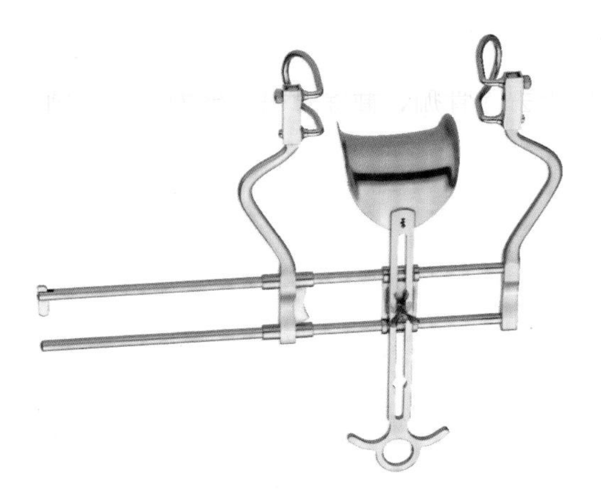

2.7.3 腹部框架牵开器 用于移植等腹部大切口手术，利于术野的显露。可以床边固定，使用稳定。其中，闭合式框架牵开器适用于胃肠手术，开放式框架牵开器适用于肝移植等复杂手术。可根据手术需要选择不同深度和宽度的拉钩片。

2.7.4 甲状腺框架牵开器　用于复杂的甲状腺手术。

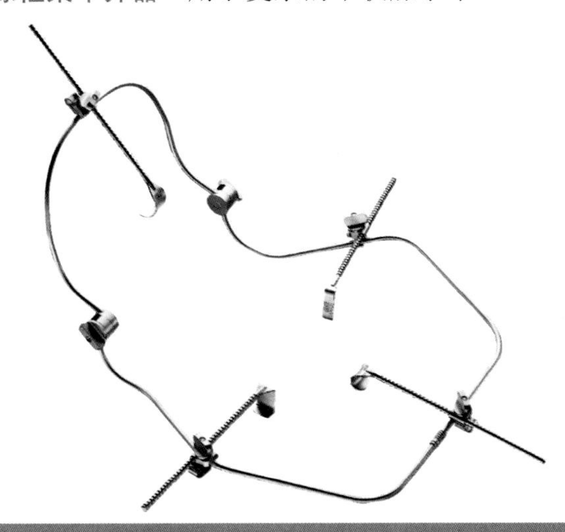

2.8 骨凿、骨锤、骨刀、骨撬、刮匙、剥离子

2.8.1 骨凿　用于去除骨痂、截除骨块，分为平凿、圆凿。

2.8.1.1 平凿

2.8.1.2 圆凿

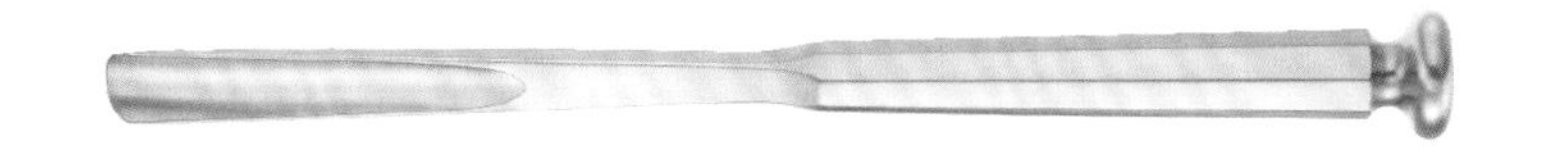

2.8.2 骨锤　用于协助骨凿截骨及物体的置入或取出。分为塑料手柄骨锤和不锈钢手柄骨锤。

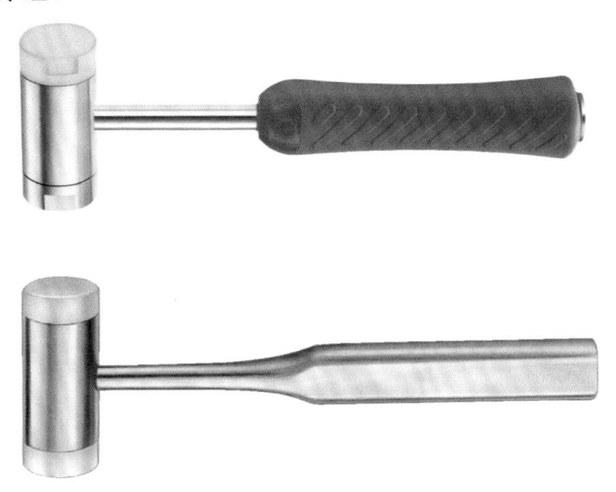

2.8.3 骨刀 用于截断坏死的骨骼。

2.8.4 骨撬 用于骨科手术时骨的复位和分离。

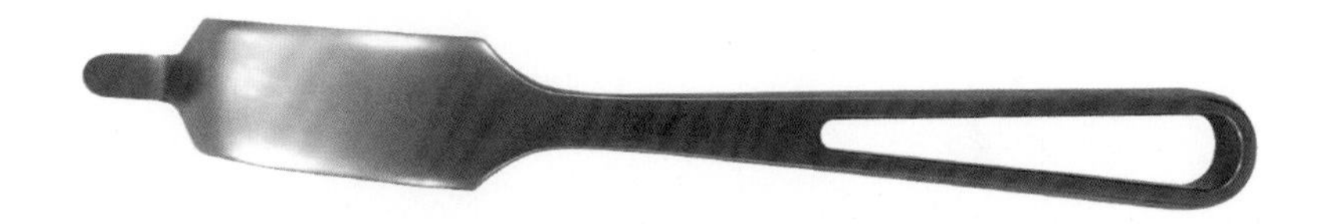

2.8.5 刮匙 用于刮除切口坏死组织、肉芽组织、死骨或取松质骨块。根据手柄不同，可分为高分子聚合物手柄刮匙和不锈钢手柄刮匙。

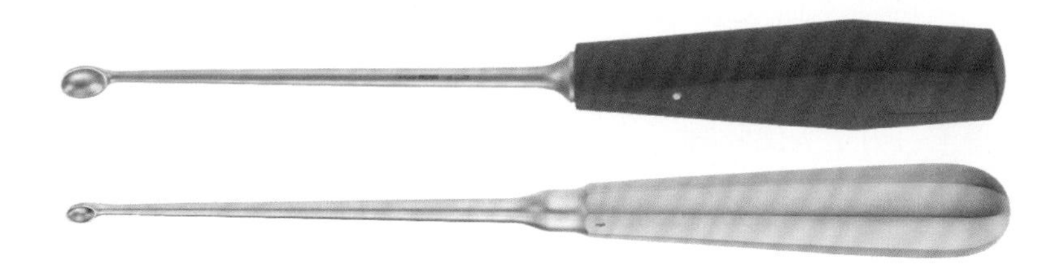

2.8.6 神经剥离子 用于神经根的剥离、分离。

2.8.7 骨膜剥离子 用于剥离骨膜。

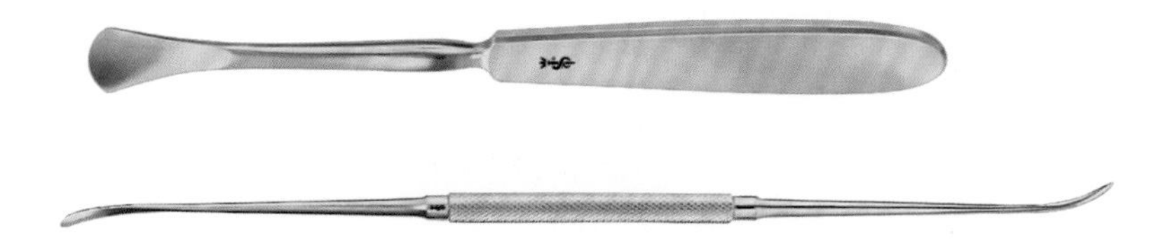

2.9 探条

探条：又称为探针或探子，用于触诊、检查、探查，可插入人体空腔器官或人体通道。探条一般灵活，有弹性，钢硬，呈棍状、笛状或凹槽状，用金属或者其他材料制成。分为单头探条和双头探条。笛状探条用于引导缝线。

2.9.1 单头探条

2.9.2 双头探条

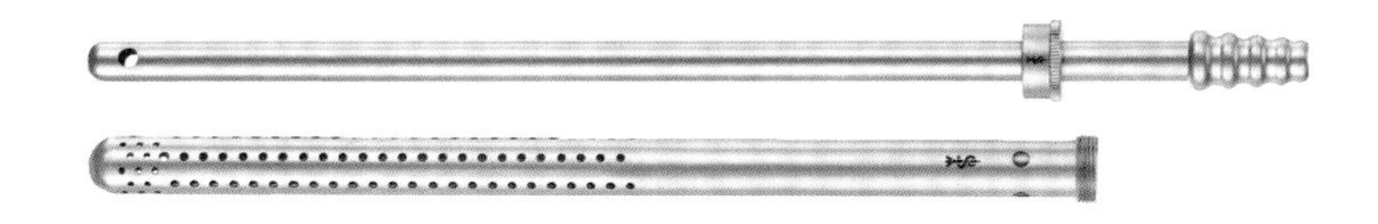

2.10 吸引器头

吸引器头：有不同长度、弯度及口径，用于吸出术野血液、体液及冲洗液，保持术野清晰。根据形状可分为直形吸引器头和弯形吸引器头，根据使用频率可分为一次性吸引器头和可重复使用吸引器头。可重复使用吸引器头有的配有通条，便于清洗。

2.10.1 直形吸引器头

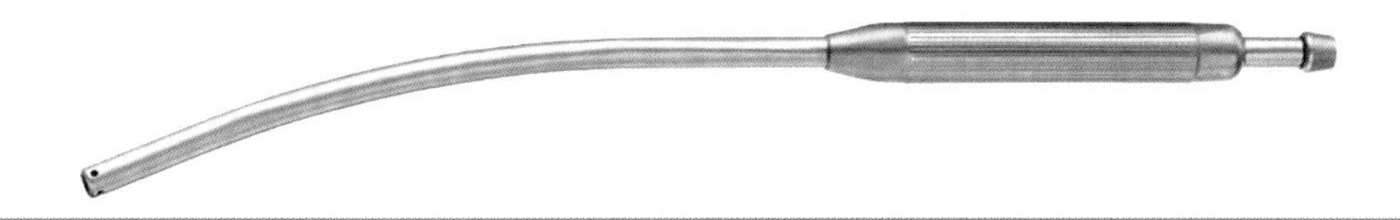

2.10.2 弯形吸引器头

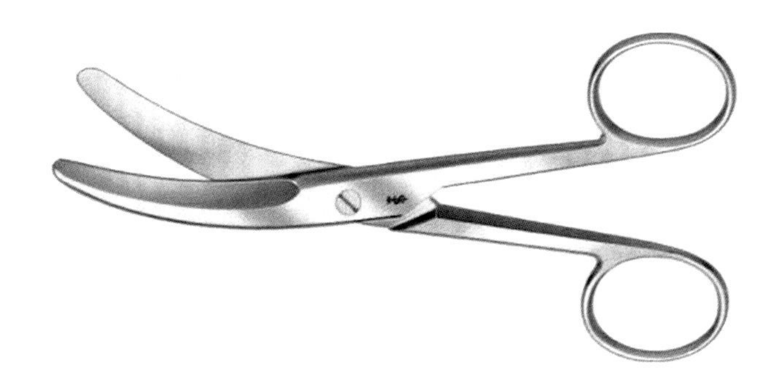

2.11 专科器械

2.11.1 脐带剪 供剪切婴儿脐带用。

2.11.2 会阴侧切剪　供剪切会阴组织用。

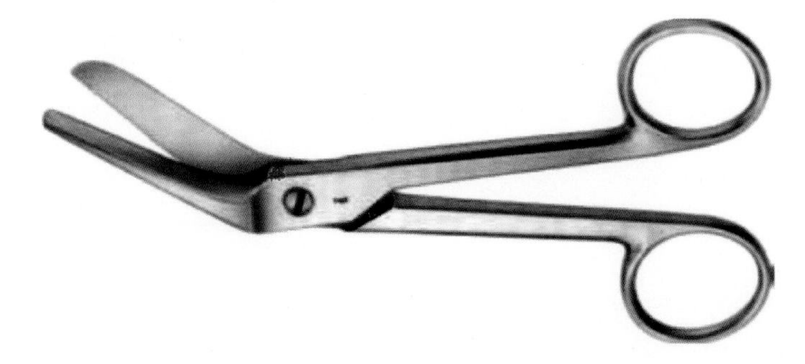

2.11.3 子宫敷料钳　供妇产科手术时夹持敷料用。

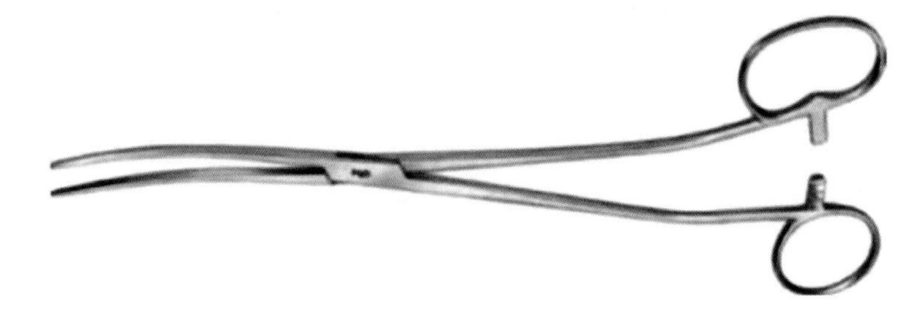

2.11.4 子宫颈钳　供妇产科手术时夹持深部组织和宫颈息肉用。

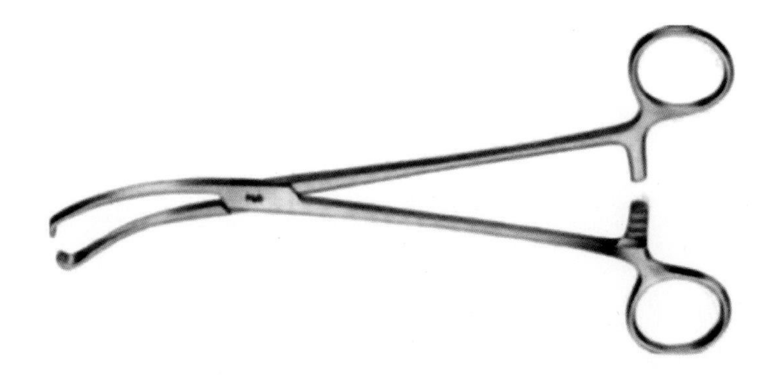

2.11.5 子宫抓钳　供阴式子宫切除或子宫肌瘤手术中牵拉子宫用。

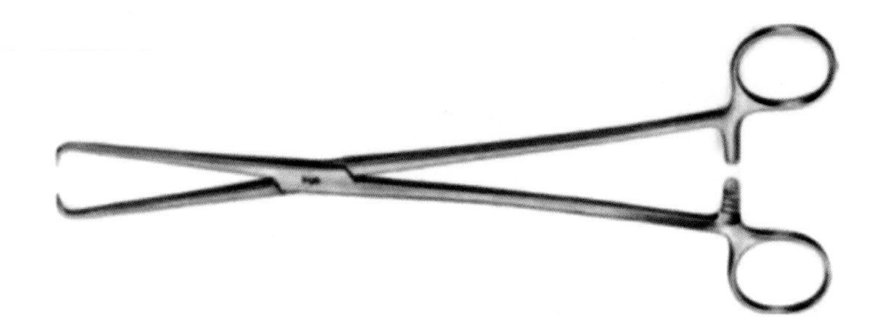

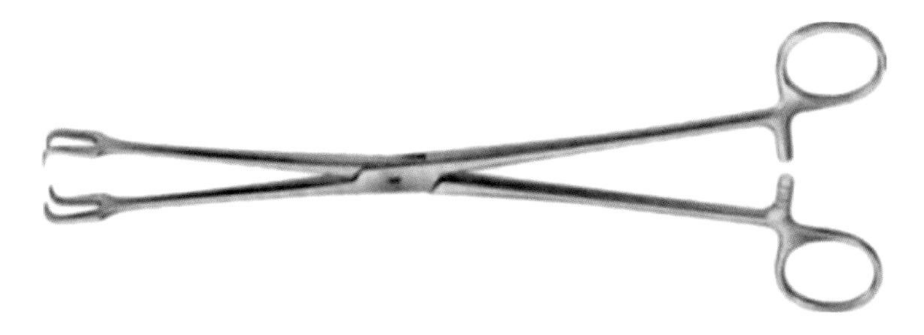

2.11.6 **阴道拉钩** 供妇产科手术中牵拉阴道壁用。

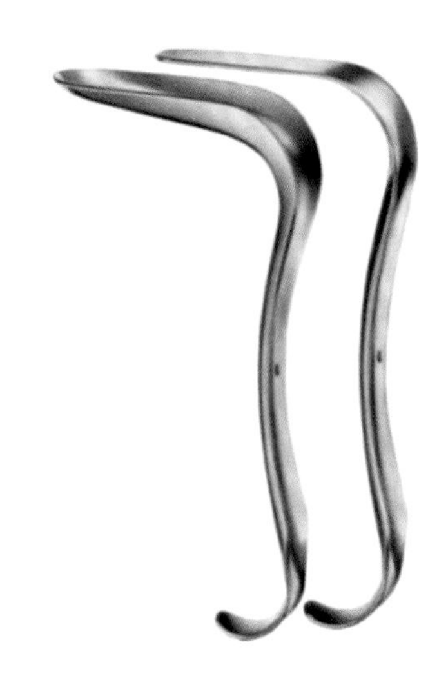

2.11.7 **子宫刮匙** 供刮除子宫壁粘连组织用。

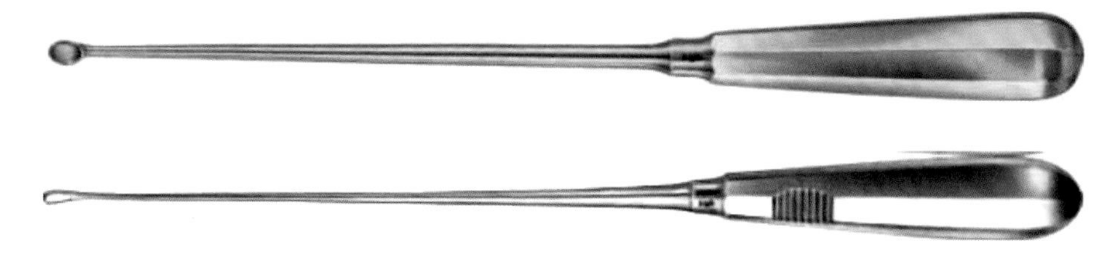

2.11.8 **妇科活检钳** 供夹取子宫活体组织用。

2.11.9 双翼阴道牵开器 供经阴道手术时阴道口撑开，用于妇产科扩张阴道、检查子宫颈、冲洗阴道一般手术用。

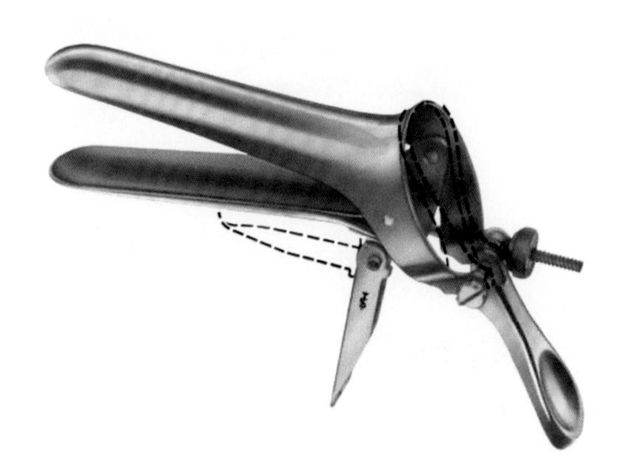

2.11.10 会阴牵开器 供妇产科手术时做牵开及固定会阴阴道口用。

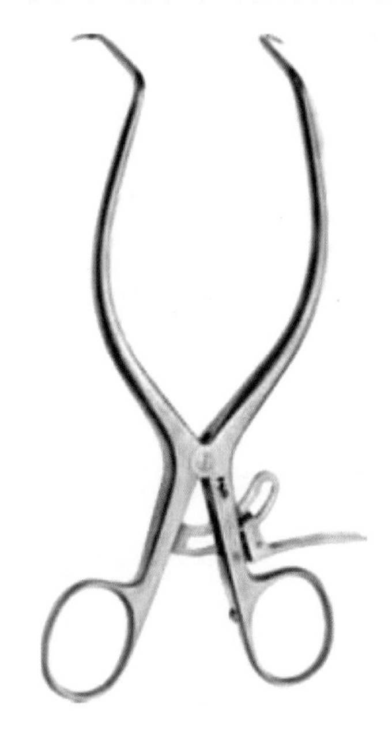

2.11.11 胆取石钳 供胆道手术时钳取胆内结石用，有多种角度。

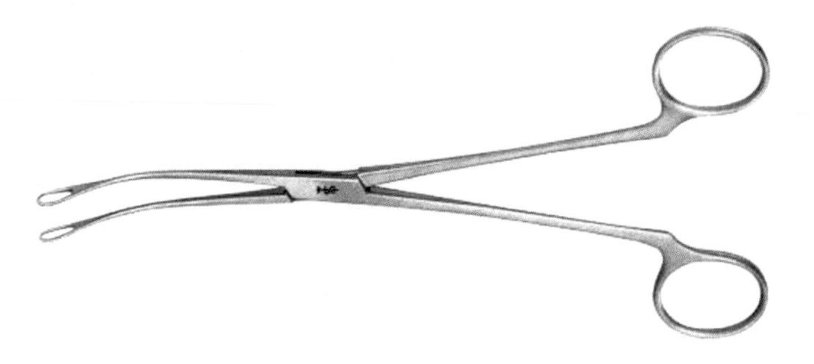

2.11.12 胆道探条　供胆道手术时胆管的扩张、造影用。

2.11.13 胆道刮匙　供刮除胆总管内结石等异物用。

2.11.14 直角胆管剪　供胆道手术时剪切胆管、胆囊组织用。

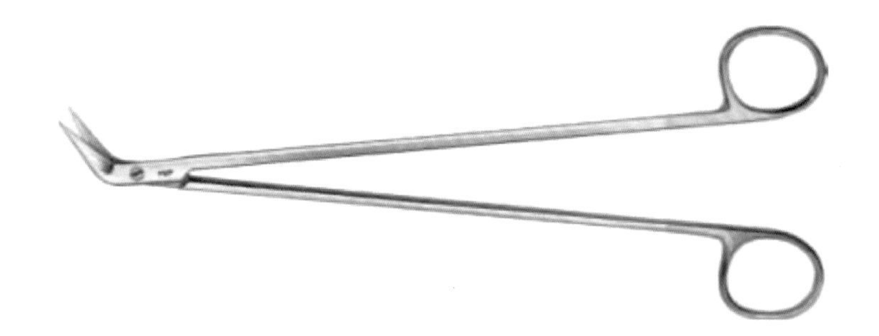

2.11.15 肛门镜　供肛门检查或手术时扩张肛门用。

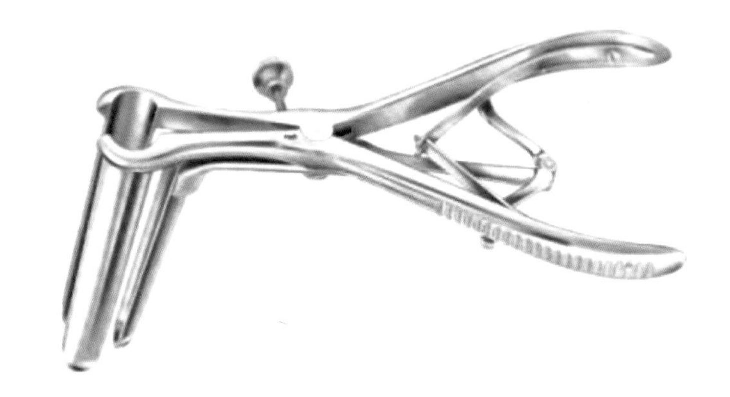

2.11.16 探针　供肛瘘寻找内口时，检查及定位用，可弯曲。

2.11.17 肛门牵开器　供肛肠外科做肛门检查或肛门手术时牵开肛门用，可配合冷光源使用。

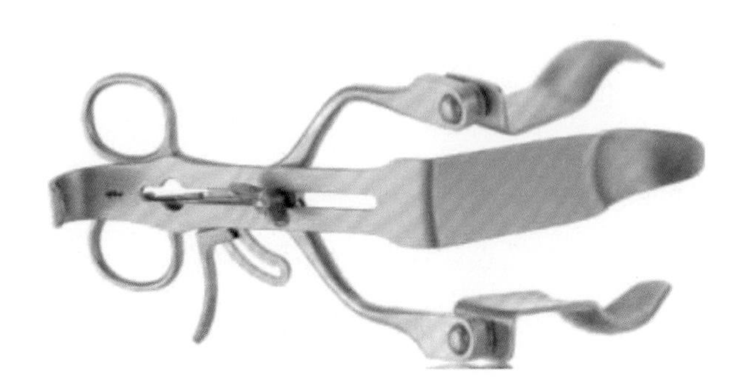

2.11.18 经肛门双关节器械　供经肛门入路直肠肿物切除手术用，双关节易于视野显露。有血管钳、持针器和剪刀 3 种。

2.11.19 取石钳　供钳取肾内结石用，也常用于胆管内取石。有微弯、大弯及直角等多种角度。

2.11.20 膀胱拉钩　供剖腹手术时牵拉腹盆腔显露膀胱等组织用，有多种规格。

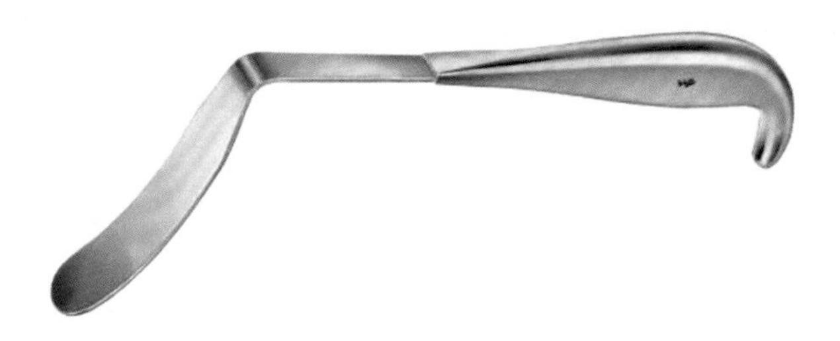

2.11.21 前列腺拉钩 供前列腺摘除手术时牵拉前列腺用，双头中空设计能更好地保护牵拉部位组织不受损伤。

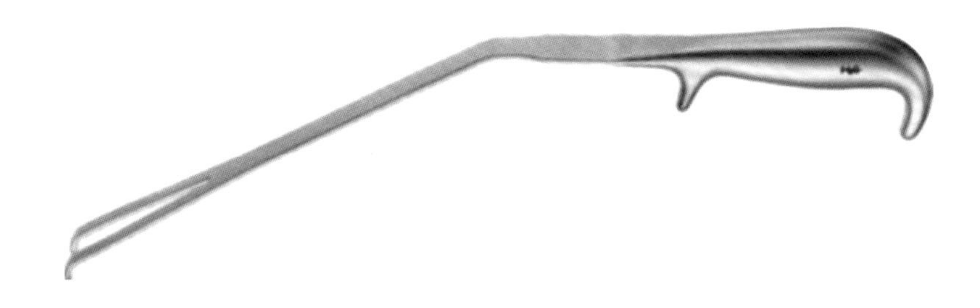

2.11.22 尿道扩张器 供尿道狭窄时扩张尿道用，分为男性、女性及小儿使用各型，分别对应不同的弯度及大小。

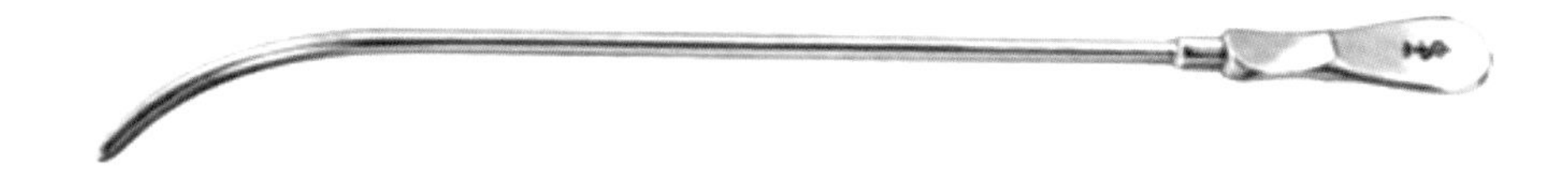

2.11.23 阴茎夹 供膀胱手术时夹持阴茎用，工作端配有硅胶保护套的阴茎夹在夹持时相对损伤更小。

3

手术器械维护保养常见问题

3.1 手术器械的表面变化

手术器械在使用一段时间之后，其表层会由于化学、物理等影响而发生变化。这些表面变化可能源自器械的使用过程，也可能是清洗消毒和灭菌处理过程所致。手术器械常见的表面变化有有机物残留、化学残留、水渍沉积、硅酸盐变色、不锈钢氧化变色、钛合金氧化变色、镀铬层脱落等。

3.1.1 有机物残留　手术器械表面的有机物残留通常来自于临床手术后的残留物，如血液和体液干涸后的残留物、人体组织蛋白残留物和生物药品残留物等。

通常在有机物残留物中容易隐藏细菌、病毒和细菌芽孢等微生物及易导致器械腐蚀的卤化物，如若器械没有得到彻底的清洗和灭菌，则容易引起卫生学风险和器械的腐蚀。

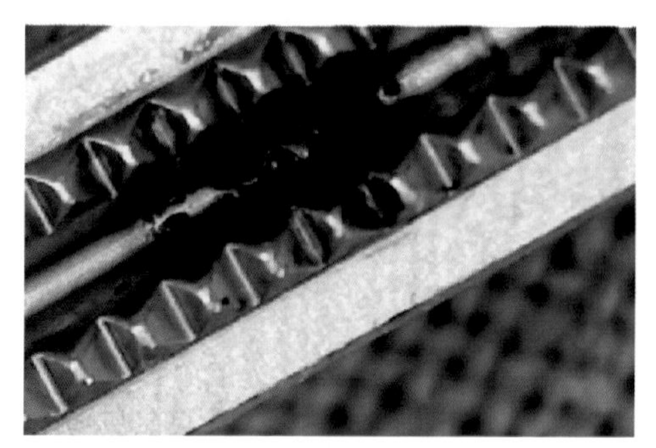

有机物残留

有机物残留

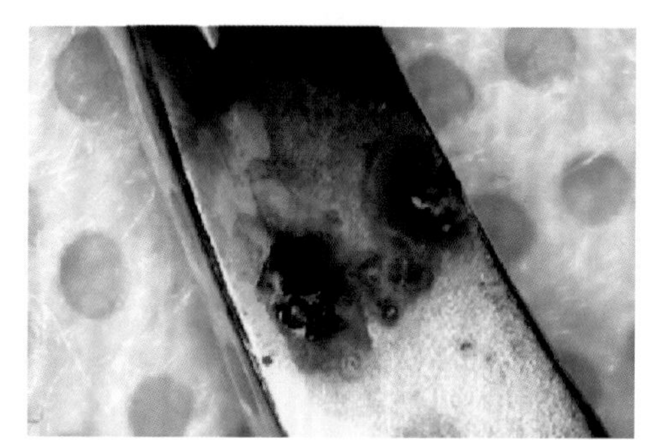

有机物残留和表面腐蚀

有机物残留和摩擦腐蚀

3.1.2 化学残留　手术器械清洗消毒过程中，因为对所使用的化学试剂（清洗剂、润滑油）漂洗不彻底或剂量超范围使用，会造成器械表面出现各色斑点状或片状的积层 / 变色层。这些残留在通过灭菌后可能会更加清晰明显。

化学残留会影响器械的外观，也可能存有导致腐蚀的碱性残留物或表面活化剂，并在手术过程中因生物相容性的问题给患者带来风险。

化学残留

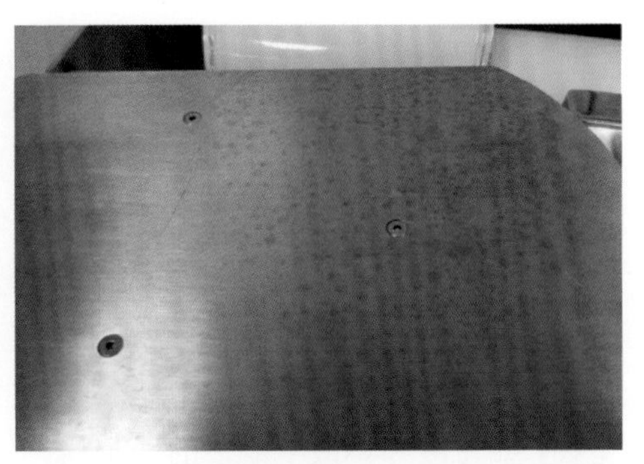

化学残留

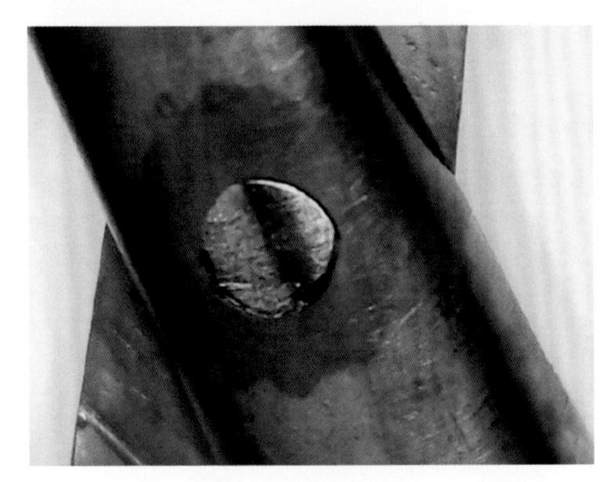

化学残留

化学残留

3.1.3 **水渍沉积**　在手术室或供应室清洗消毒手术器械的过程中，如果所使用的水中钙、镁离子含量过高，就会在器械表面出现乳白色到浅灰色的斑点状、片状或龟鳞状的沉积物。

手术器械表面的水渍沉积物影响器械的外观，但通常不会影响器械本身的性能和使用，也不会造成手术器械的腐蚀。水渍沉积物可以使用一块不掉毛的纱布擦拭清除。为避免水渍的产生，建议在手术器械清洗过程中使用软水或纯水。

水渍沉积

水渍沉积

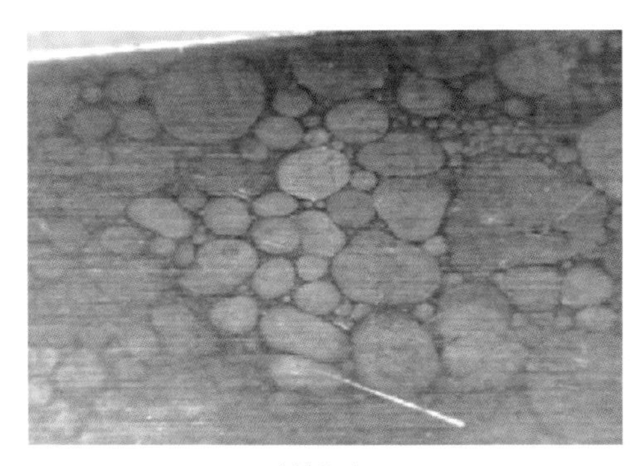

水渍沉积

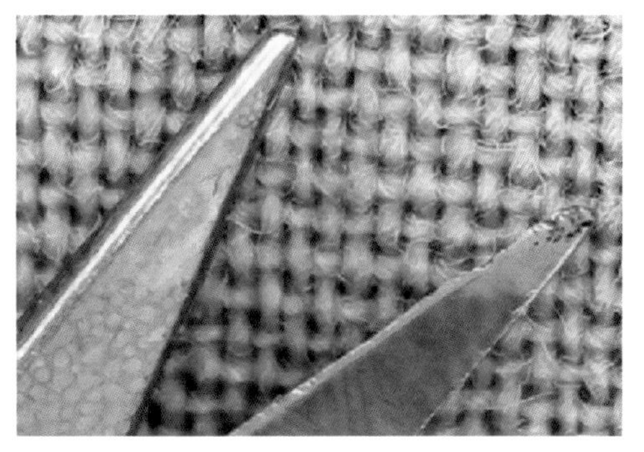

水渍沉积和磨损

3.1.4 硅酸盐变色 手术器械表面出现黄色到黄褐色，形状为斑点状、片状或水滴状的变色层，通常是典型的硅酸盐变色。硅酸盐变色一般是清洗、消毒水中的硅酸盐含量过高，或水处理设备（离子交换器）发生了硅酸盐渗漏，或使用了含硅酸盐的清洗剂且漂洗不彻底，导致器械表面出现硅酸盐残留所造成的。

硅酸盐变色会影响器械的外观，并加大器械目视检查时的难度（难以与污染的器械鉴别区分），但通常不会影响器械本身的性能和使用，也不会造成手术器械的腐蚀。硅酸盐所引起的变色一旦发生就很难用擦拭或普通清洗剂去除。因此，平时应以预防为主，并确保在手术器械清洗过程中使用无硅酸盐的软水或纯水。

硅酸盐变色

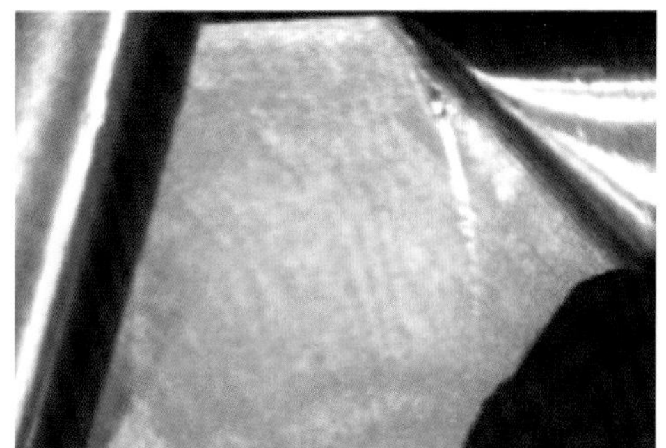

硅酸盐变色

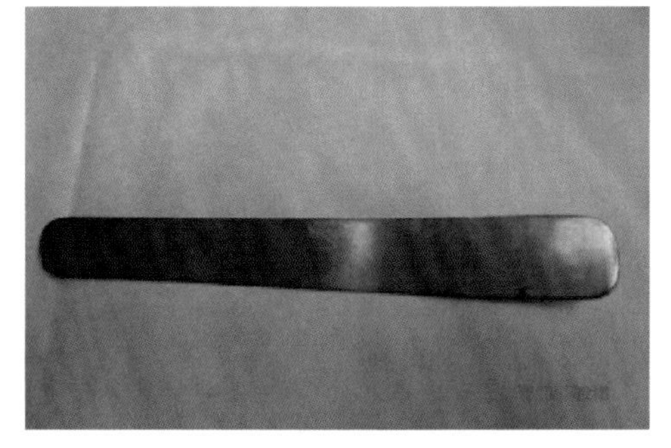

硅酸盐变色

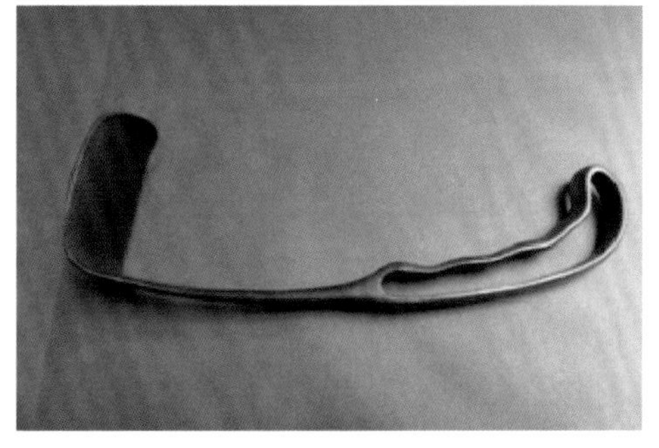

硅酸盐变色

3.1.5 不锈钢氧化变色 手术器械的材料中如果含有高碳的铬钢（不锈钢的一种）成分，则该器械会因清洗消毒过程中使用的中和剂 / 除锈剂漂洗不彻底或剂量超范围使用，而造成器械表面形成闪亮的灰黑色到黑色的氧化铬变色层。实践证明，铬钢材料中碳的含量越高，其颜色变为灰黑色的速度就越快。

不锈钢氧化变色会影响器械的外观，并加大器械目视检查时的难度（难以与污染的器械鉴别区分），但通常不会影响器械本身的性能和使用，反而会增强手术器械的抗腐蚀性。不锈钢氧化变色一旦发生就很难用擦拭或普通清洗剂去除。

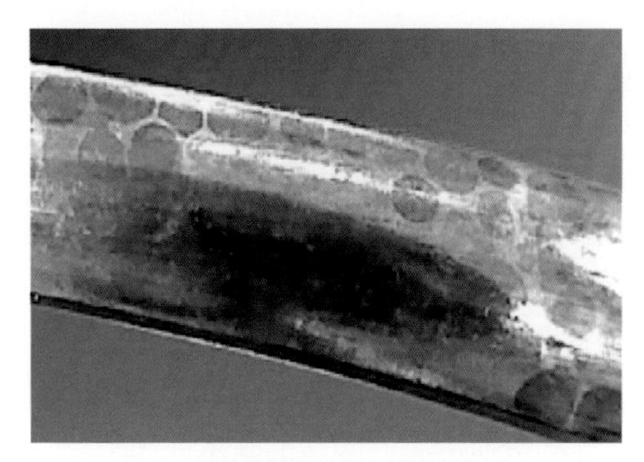

不锈钢氧化变色（黑化）

不锈钢氧化变色（黑化）

不锈钢氧化变色（黑化）

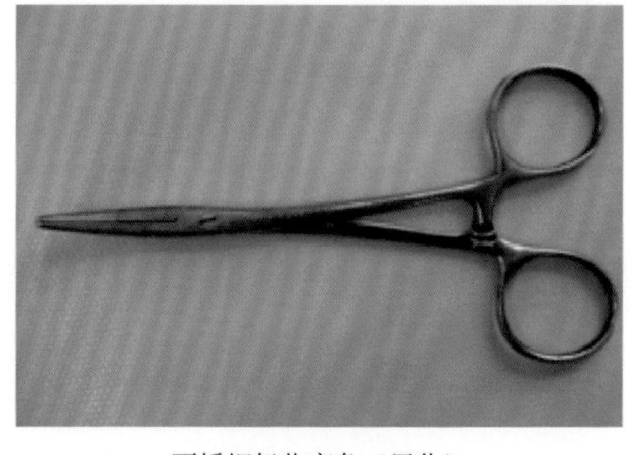

不锈钢氧化变色（黑化）

3.1.6 钛合金氧化变色 钛合金的手术器械会因为湿热或清洗剂的残留而形成各种颜色的斑点状或片状的氧化变色层。实践证明，钛合金手术器械的表面变色几乎无法避免，因为这种材料在清洗消毒过程中会受到温度、清洗消毒剂、湿度等周围环境条件的影响，表层或多或少总会发生一些反应。

钛合金氧化变色会影响器械的外观，且难以与污染的器械鉴别区分，加大器械目视检查时的难度，但不会影响器械本身的性能和使用，通常不需要进行任何处理。

钛合金氧化变色

钛合金氧化变色

3.1.7 镀铬层脱落 使用镀铬工艺生产的手术器械，在长时间使用后，镀铬层会受到清洗消毒剂、高温蒸汽、超声清洗等周围环境条件的影响而脱落，在器械表面形成棕色到黑色的氧化层。

镀铬层脱落后会影响器械的外观，且难以与污染的器械鉴别区分，加大器械目视检查时的难度，并逐步形成腐蚀，影响手术器械的性能和寿命并容易引起卫生学风险。如镀铬层脱落发生在术中，则会对术者造成潜在的生物相容性风险。

手术器械一旦发生镀铬层脱落建议立即进行更换。

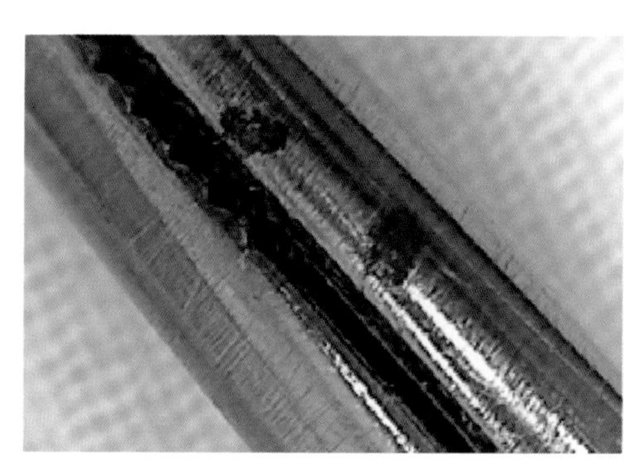

镀铬层脱落

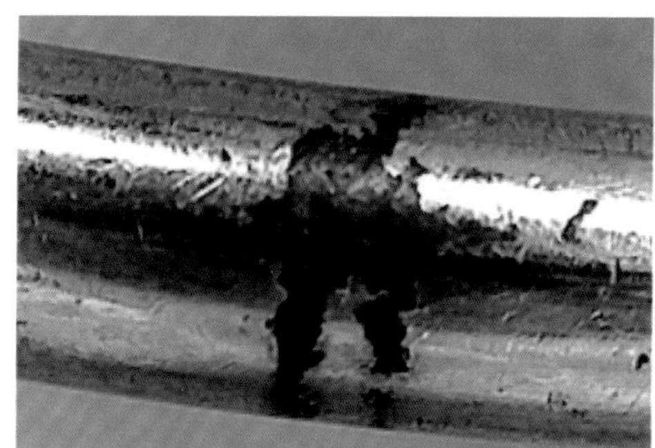

镀铬层脱落

镀铬层脱落

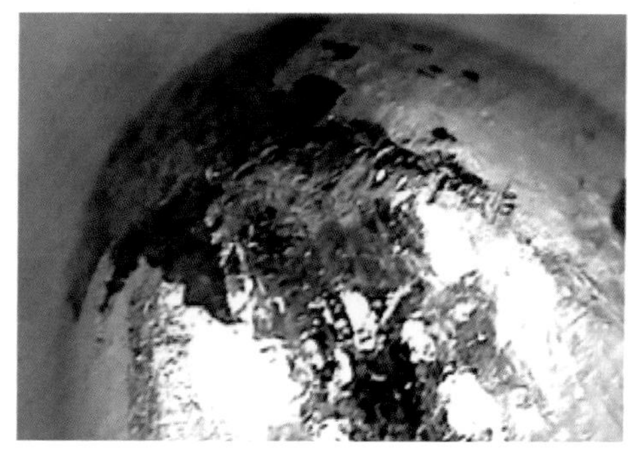

镀铬层脱落

3.2 腐蚀

金属（通常是铁）由于长期暴露在空气中发生了氧化反应，或者是被水中的氧元素侵蚀而生成棕红色氧化物的过程，称作腐蚀。

手术器械的原材料通常为不锈钢，不锈钢之所以“不锈”，是因为其表面形成的一层极薄而坚固、细密且稳定的氧化铬钝化层，可以防止氧原子的继续渗入、氧化，从而获得了抗腐蚀的能力。一旦出现某种原因（通常是卤素），这层薄膜遭到不断的破坏，空气或液体中的氧原子就会不断渗入，与金属中的铁原子结合并不断地析离出来，形成疏松的氧化铁，金属表面也就受到不断的腐蚀。

腐蚀严重的手术器械应立即停止使用，以保证手术患者和医护人员的安全。为了避免腐蚀传染，影响其他器械的正常使用，造成腐蚀的根源必须找到并清除。

手术器械的腐蚀通常有表面腐蚀、外来腐蚀、摩擦腐蚀、点状腐蚀和应力裂纹腐蚀。

3.2.1 表面腐蚀

概念及主要原因：由于与湿气、冷凝水、血液残留物或酸性 / 碱性液体长时间接触，而造成手术器械表层开始出现红色到红棕色，斑点状或片状锈蚀的现象通常称为表面腐蚀。

处理原则：一般表面腐蚀的锈斑对材料的侵蚀不深，可以用特定的清洁剂和保养油给不锈钢除锈，或交由器械制造厂商及专业维修机构处理。一次性使用的手术器械如出现任何表面腐蚀，应立即停止使用，进行替换。

危害：表面腐蚀如不做合适的处理，则会进一步发展成为点状腐蚀和应力裂纹腐蚀。

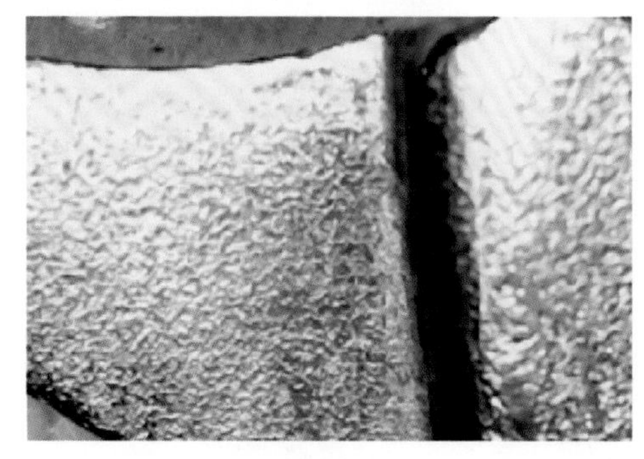

表面腐蚀

表面腐蚀

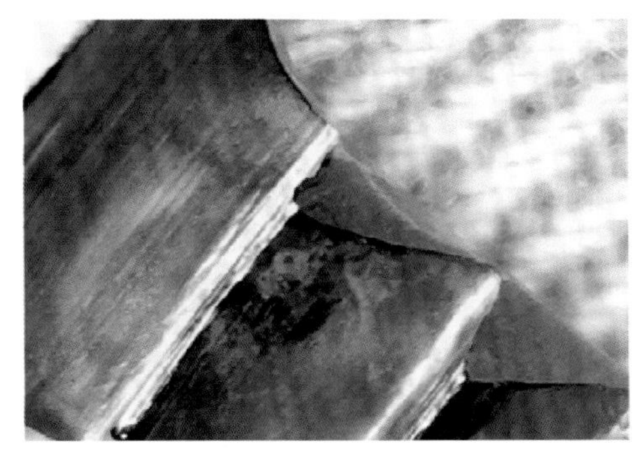

表面腐蚀

表面腐蚀

3.2.2 外来腐蚀

概念及主要原因：当生锈的器械或设备上的锈（疏松的氧化铁），通过各种途径接触到另一个没有生锈的器械表面时，凹凸不平、易吸收水分的氧化铁颗粒会在器械表面营造出一个潮湿的环境。不锈钢表面的氧化铬钝化层会因此受到破坏，从而使器械表面及内部开始形成新的腐蚀，这就是我们所说的“锈”的“传染”。

手术器械因“传染”到外来锈蚀而造成腐蚀的现象称为外来腐蚀。其来源通常是通过管道进入的含锈的水或含锈的蒸汽。也就是说，如果手术包中有一把器械有锈蚀，那么整个手术包中的器械都可能产生外来腐蚀。或者如果蒸汽管道系统中有锈蚀，同样也会导致器械出现大批量外来腐蚀。

处理原则：如果外来腐蚀尚不严重，可以用特定的清洁剂和保养油给不锈钢除锈，或交由器械制造厂商及专业维修机构处理。腐蚀严重的器械要及时从手术包中替换，蒸汽管道需定期检查和清洗。

危害：外来腐蚀如不做合适的处理，则会进一步发展成为点状腐蚀和应力裂纹腐蚀。

外来腐蚀

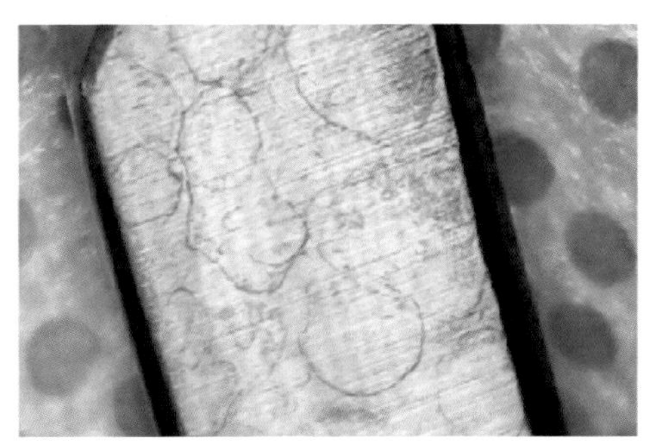

外来腐蚀

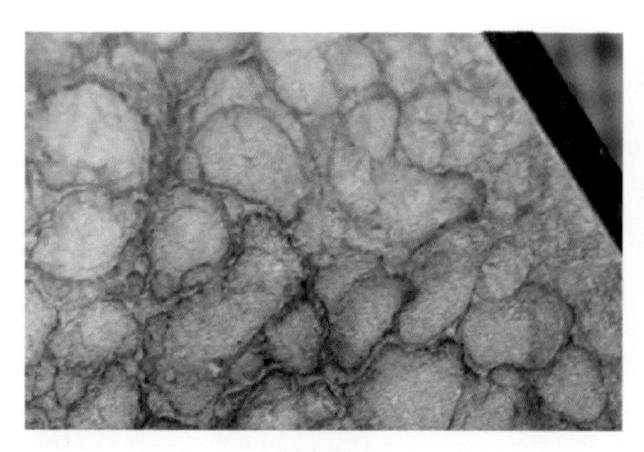

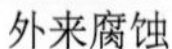
外来腐蚀

外来腐蚀

3.2.3 摩擦腐蚀

概念及主要原因：手术器械的关节、匣式关节及滑动接触面的部位由于润滑不足或夹带杂物，导致其在使用时金属面与金属面直接相互摩擦，从而造成金属面的严重磨损并损坏表面钝化层。在这些脆弱易损的摩擦区域又非常容易积聚湿气或各类残留物（如血渍），从而逐渐形成红褐色的摩擦腐蚀。

手术器械的摩擦腐蚀通常是由于润滑不足所引起的，所以器械摩擦面经常性的润滑保养可以大幅降低摩擦腐蚀的发生概率。

处理原则：初期的摩擦腐蚀可以通过定期的润滑保养得到控制，并不影响手术器械的使用。但严重的摩擦腐蚀需要进行专业的研磨或抛光处理才能继续使用。

危害：摩擦腐蚀如不做合适的处理，则会进一步发展成为点状腐蚀和应力裂纹腐蚀，并严重影响器械的正常使用（如手术剪无法正常剪切）。

摩擦腐蚀

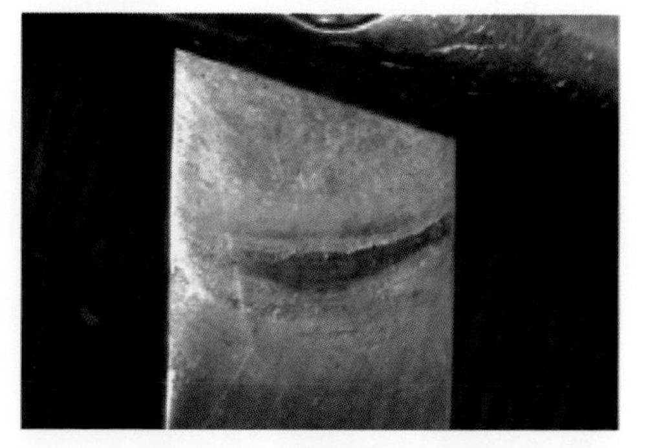

摩擦腐蚀

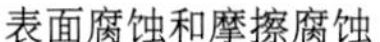
表面腐蚀和摩擦腐蚀

严重摩擦腐蚀

3.2.4 点状腐蚀

概念及主要原因：手术器械表面出现针孔状的黑色小洞，并且周围被红棕色的腐蚀物所包围。这些呈点状的腐蚀孔被称为点状腐蚀。点状腐蚀通常是由于手术器械长期与生理盐水、自来水或血渍等含有氯化物的溶液接触而产生的。溶液中的氯离子能优先选择性地吸附在器械表面的钝化膜（氧化铬等）上，并把氧原子排挤掉，然后与钝化膜中的阳离子结合成可溶性氯化物，最终导致不锈钢中的铁不断氧化，形成针孔状的点状腐蚀。

处理原则：存在点状腐蚀的器械无法完全复原，因此考虑到卫生学风险和安全性，点状腐蚀较严重的器械应该及时更换。产生点状腐蚀的原因也必须排查，以利于器械的资产保值。

危害：点状腐蚀形成的空腔中易积聚血液、组织液的残留物，并藏有细菌和细菌芽孢，因此存在卫生学的风险。点状腐蚀所形成的空腔会降低器械的金属机械强度，是手术器械产生应力裂纹和出现断裂的起点。

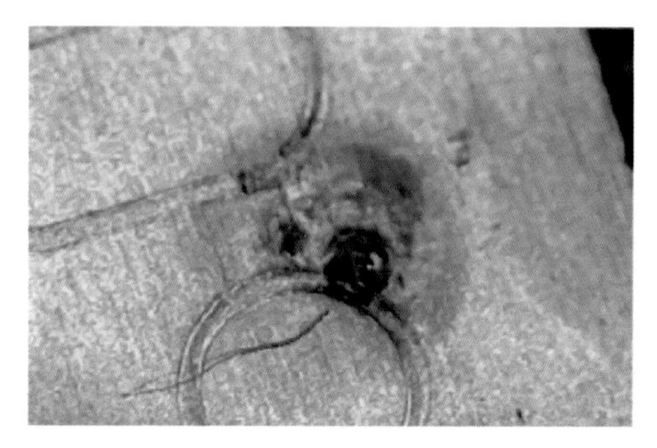
点状腐蚀

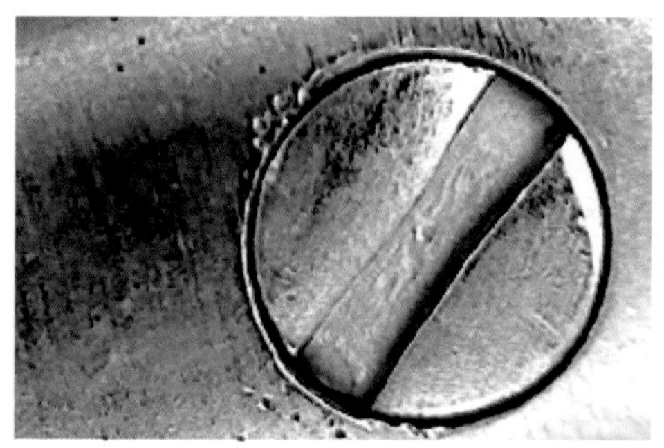
点状腐蚀

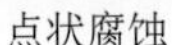
点状腐蚀

点状腐蚀

3.2.5 应力裂纹腐蚀

概念及主要原因：存在腐蚀情况（通常为点状腐蚀）的手术器械因为施加应力，在原有的腐蚀点处出现裂纹或断裂的情况，称为应力裂纹腐蚀。

应力裂纹腐蚀常见于器械的工作端、关节、匣式关节、螺纹和弹簧连接处。通常是因为器械的腐蚀（如点状腐蚀），造成金属材料强度减弱，从而在应力的诱导下产生裂纹或断裂。

处理原则：手术器械一旦出现应力裂纹腐蚀，则无法修复，必须立即更换，以避免在术中产生意外风险。

危害：应力裂纹腐蚀可能导致手术器械的功能完全丧失，并有可能导致术中器械残片脱落，造成极大的手术风险。

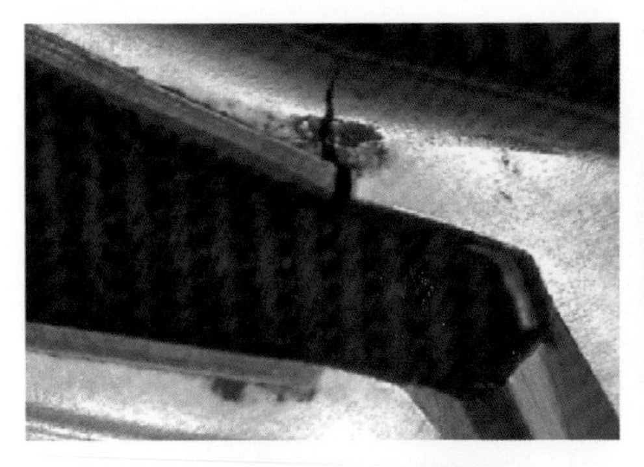

点状腐蚀引起的应力裂纹腐蚀

点状腐蚀引起的应力裂纹腐蚀

应力裂纹腐蚀

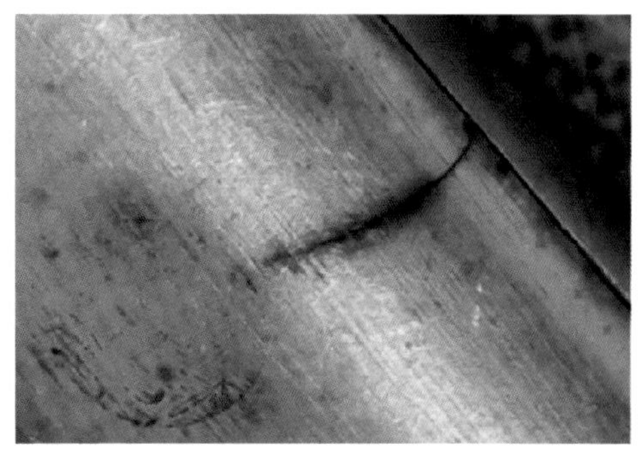

应力裂纹腐蚀

应力裂纹腐蚀

应力裂纹腐蚀

3.3 磨损和变形

3.3.1 磨损

概念及主要原因：手术器械因为长期频繁使用而造成工作端的正常损耗，或者因为非正常使用（如组织剪长时间用于剪切敷料），造成器械工作端非正常损耗的情况，称为手术器械的磨损。

处理原则：磨损的器械需要专业的厂商进行修复。更换不能修复的器械或没有修复价值的器械。器械的磨损通常是不可逆的，但选用优质材料的器械有利于延长器械正常使用的寿命。

危害：工作端磨损的手术器械会影响其手术过程中的表现，增加患者的风险，因此建议及时进行维修或更换。手术器械长期非正常磨损将不利于器械的资产保值，建议及时排查根源。

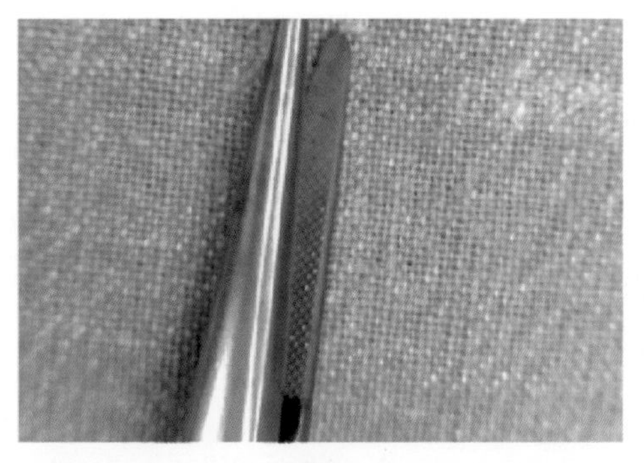
磨损

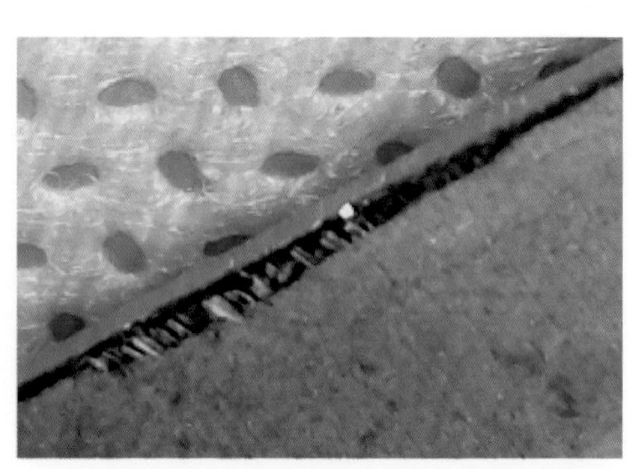
磨损

磨损

应力裂纹腐蚀和磨损

3.3.2 变形

概念及主要原因：手术器械在过度磨损或长期非正常使用的情况下，其功能端发生较严重的变形，从而使器械无法满足或达到临床设计的需求。

处理原则：手术器械产生变形时，应立即进行保养和维修，如无法恢复正常功能，应立即进行更换。手术包中变形且无法使用的器械应及时进行清理和更换，以避免不必要的工作和资源损耗。

危害：变形的器械已无法满足临床手术的需求，极大影响临床的手术表现。

变形

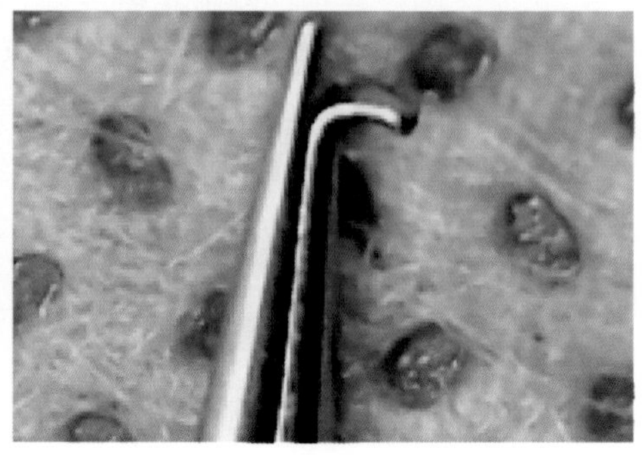
变形

变形

变形

3.4 临床使用中常见的操作不当问题

手术器械在临床使用和处理过程中，如果没有参照生产厂商的使用说明或国内外权威标准的指导进行正常、合理的操作，会导致器械工作端或其他关键部位非正常的磨损或损坏，并加速器械的老化过程，最后严重影响器械的使用寿命。因此，临床合理的使用和处理每一把手术器械，是保持和延长手术器械寿命和价值的关键所在。临床上常见的操作不当问题如下。

3.4.1 组织剪剪缝线、敷料和钢丝 组织剪适用于剪切组织和血管，因此剪刀刃通常薄而锋利，如用于剪切缝线、敷料和钢丝则易造成剪刀刃口的磨损或变形。剪切缝线和敷料可用敷料剪或线剪，剪切钢丝可用钢丝剪。

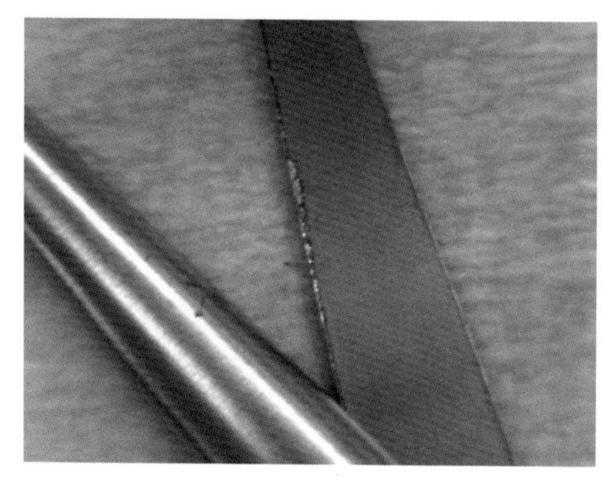

组织剪的非正常使用

3.4.2 无损伤镊拔缝针 无损伤镊通常适用于夹持人体组织和血管，如用于夹持缝针会造成工作端的磨损和变形。

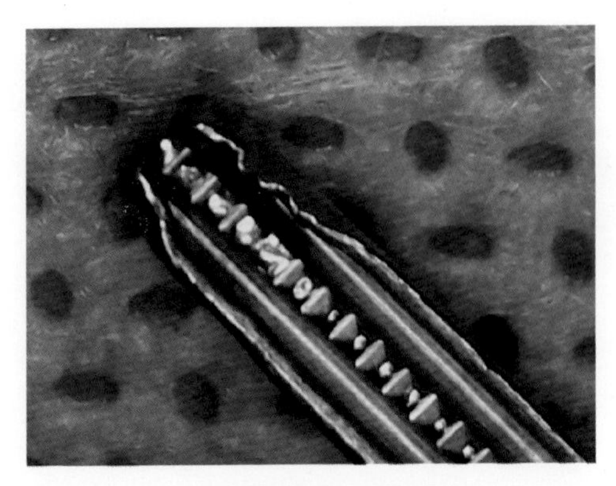

无损伤镊的非正常使用

3.4.3 咬骨钳剪钢丝、拔钢钉 咬骨钳通常适用于骨科手术时咬剪和修正骨骼，如用于剪钢丝、拔钢钉，会造成工作端的磨损和变形。

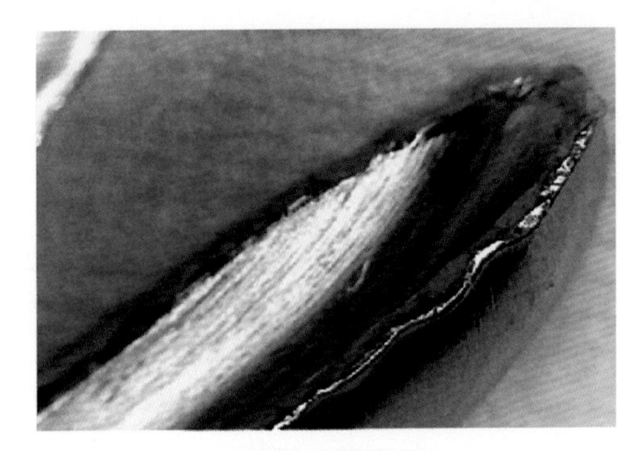

咬骨钳的非正常使用

3.4.4 器械未完全冷却的情况下直接使用 手术器械如果在高于常温（室温）的情况下直接使用，金属热胀冷缩，会导致器械（尤其是带关节的）的接触面摩擦加剧，加速摩擦腐蚀的产生。

摩擦腐蚀加剧

3.4.5 使用错误型号的持针器加持缝针 持针器必须按照工作面齿纹的形状与相应的缝针配合使用，错误的匹配使用会造成持针器工作面的磨损甚至变形、断裂。

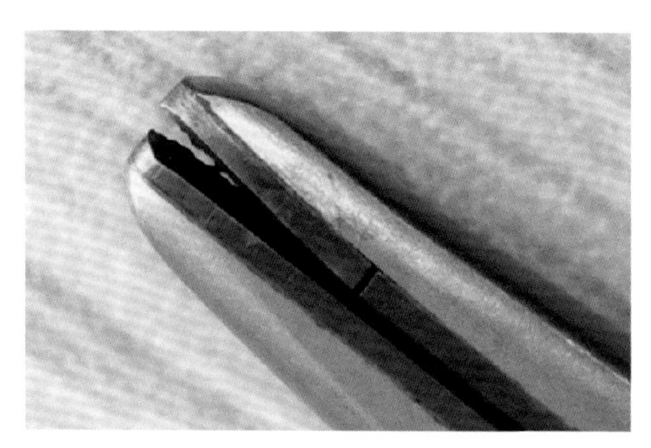

持针器的错误使用

3.4.6 缠绕、粘贴胶带 临床使用过程中，为了实现快速区分等目的，偶尔会在手术器械手柄或指环处缠绕、粘贴胶带。当器械经过多次消毒灭菌后，残留的胶带会加速老化甚至固化。胶带内部则可能留有血液和组织液的残留物，因此存在器械腐蚀的风险和卫生学风险。

胶带对手术器械的危害

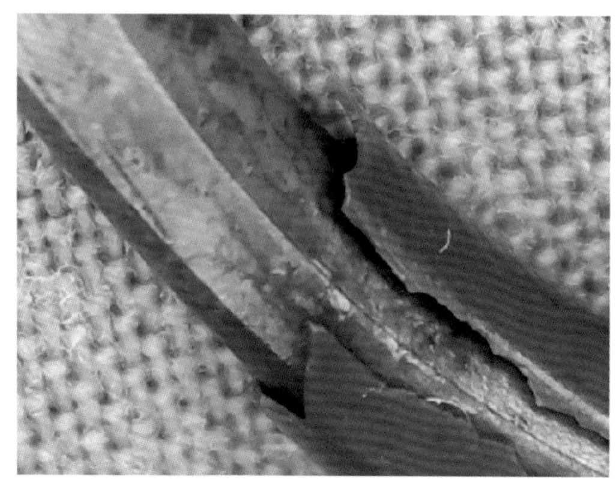

胶带对手术器械的危害

3.4.7 将器械浸泡在生理盐水中 生理盐水中含有高浓度的氯化钠，氯化物是造成不锈钢手术器械腐蚀的最主要的因素之一，也是引起器械点状腐蚀的根源。因此，临床使用过程中，应尽量避免手术器械与氯化钠溶液的长期接触。

生理盐水浸泡和擦拭手术器械

3.4.8 使用含氯制剂浸泡消毒 含氯消毒剂虽然可以杀灭各种微生物，但是同样会加速不锈钢手术器械的腐蚀。因此，建议临床使用湿热消毒法代替含氯制剂浸泡消毒。

不建议用于手术器械消毒的溶液

3.4.9 使用非合格的材料进行维修 手术器械在维修过程中，如果不能使用生产厂商或专业维修机构指定的配件，可能会加速手术器械的腐蚀、磨损和变形。

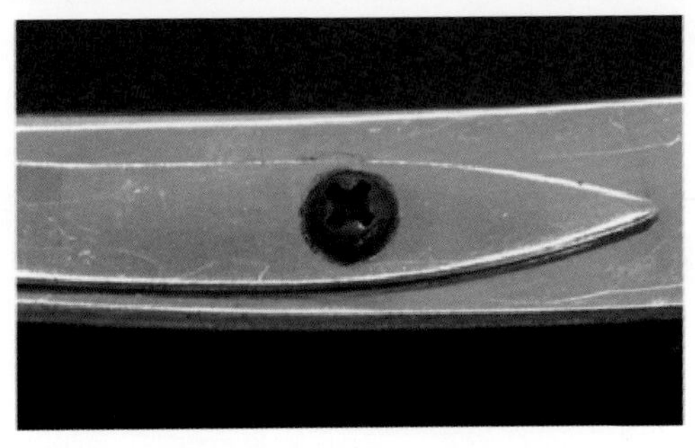

非专业的维修配件造成器械腐蚀

3.4.10 使用金属刷或带研磨功能的清洁剂刷洗器械 错误使用金属刷或带研磨功能的清洁剂刷洗器械会破坏手术器械表面的钝化层，使手术器械极易形成腐蚀。因此，清洗手术器械时建议使用软毛刷刷洗。

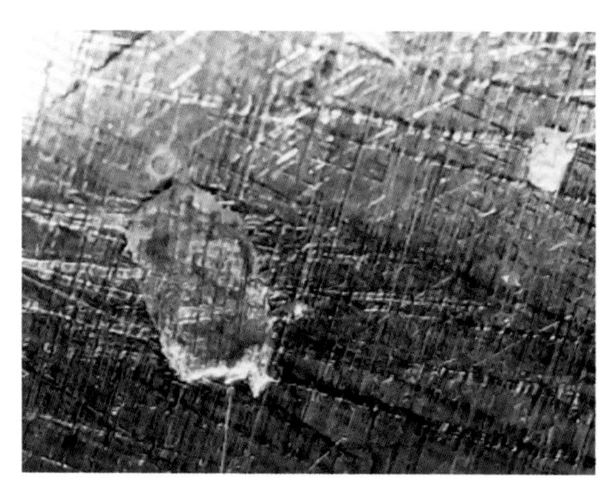

显微镜下手术器械钝化层的破坏

3.4.11 不正确的除锈 不正确使用除锈剂（频繁使用或浓度超范围），虽然可以短暂去除手术器械表面的腐蚀，但会对器械表面的钝化层造成严重的破坏，从而加速器械的腐蚀，也就是我们通常所见的“越除越锈”的现象。

频繁使用高浓度除锈剂后产生的腐蚀

3.4.12 棘齿完全闭合的状态下进行灭菌 带棘齿的手术器械如持针器、血管钳等，在棘齿完全闭合的情况下，其关节部位（匣式关节）是应力（夹闭力）的集中点。在高温高压灭菌阶段，依据金属“热胀冷缩”的原理，如果棘齿仍然完全闭合，关节部位承受的应力会成倍增加，并可能导致关节部位出现裂纹。因此，建议带齿扣的器械应在咬合一个齿扣的状态下进行灭菌。

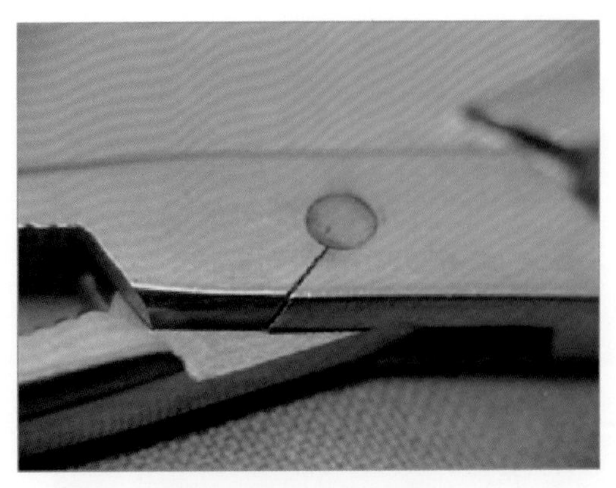

应力高度集中形成裂纹

3.4.13 不正确的堆叠手术器械包　使用软性包装材料的器械包进行堆叠，容易使下层器械（尤其是精细器械）因为受到重力和挤压而造成不可逆的变形或包装破损。因此，使用软性包装材料的器械包在存储时建议单独平放，或者改用灭菌盒进行堆放。

器械包堆叠容易造成器械变形

4 手术器械检测及维护保养方法

4.1 手术器械材料

4.1.1 材料选择与结构布局

4.1.1.1 材料选择 除了设计、生产和表面结构外，制造厂商在所有手术器械的生产过程中还必须根据一定的用途选择使用材料。概括来说，外科手术器械需要具备高弹性和韧性、刚性，良好的切割力及高耐磨性，还要具有良好的抗腐蚀性，采用淬火处理的不锈钢正好满足上述要求。

不锈钢的抗腐蚀性主要取决于钝化层的品质和厚度。钝化层为氧化铬层，是合金钢中的铬成分（最低 12%）与周围空气中的氧气发生氧化反应的产物。无论产品表面采用磨砂还是抛光都不会对其产生影响。

抗腐蚀性 / 钝化层：

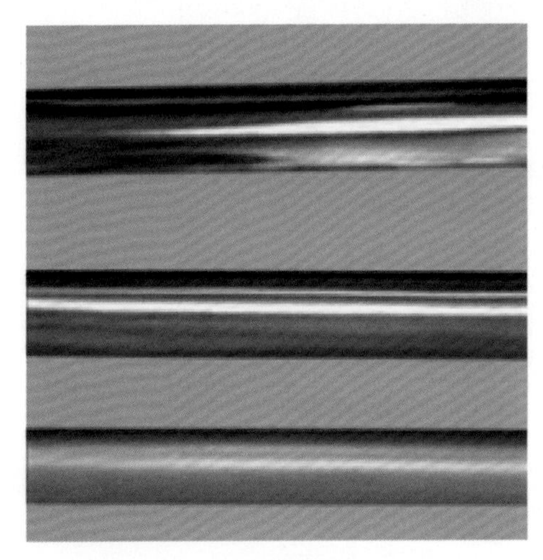

器械表面处理

影响钝化层形成的因素：

- 合成材料或合金。
- 经过热处理（如锻造、淬火、退火、熔焊、钎焊）而影响微观结构状态。
- 表面特性，如表面平整度和洁净度。
- 操作与清洗消毒处理条件。
- 使用时间和清洗消毒处理周期。

钝化层受上述因素影响，或多或少会显示出结晶学特性。潮湿、含水的环境对钝化层中的晶状部分影响更大，因此更易引起锈蚀。钝化层对许多化学物质都具有强烈的抵抗性。只有少数物质能够腐蚀钝化层，其中包括卤化物。氯化物被视为最常见，也是最危险的“盐类”。氯化物与钝化层表面发生化学反应，并依其浓度，产生不同程度的氯化物点状腐蚀损坏，轻则是一些分散的腐蚀点（小黑点），重则会在整个器械表面形成大而深的孔洞。氯化物也是造成应力裂纹腐蚀的最大原因。

因氯化物腐蚀引起的危险如图所示：

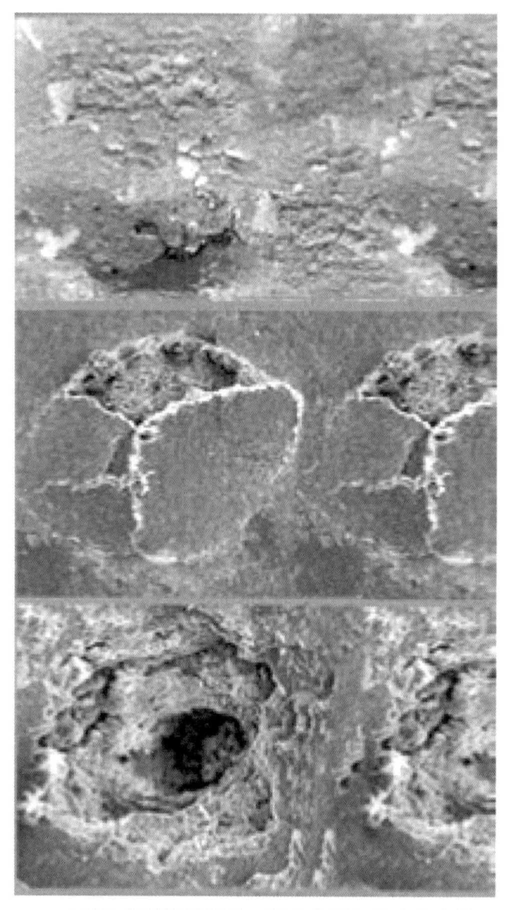

电子扫描显微镜照片，氯化物引起的点状腐蚀

通过制造厂商的化学钝化处理，例如：浸泡在柠檬酸混合溶液中，随使用时间的增加会形成更厚的钝化层。

手术器械使用周期中氯化物的来源：

- 终末漂洗和蒸汽灭菌的供水未完全去离子。
- 制造软化水时，离子交换器中有再生盐残留或析出。
- 清洗消毒处理使用不允许或错误的化学剂。
- 等渗溶液（如生理盐水）、腐蚀剂及药物。
- 干固的有机残留物，各种体液，如血液、唾液、汗液等。

• 洗涤衣物、布块、包装材料。

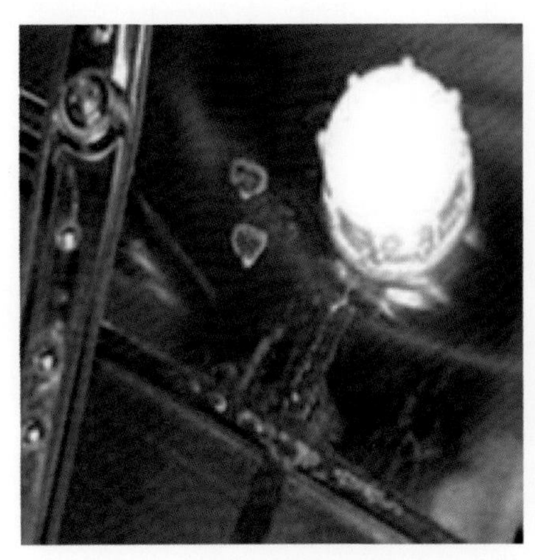

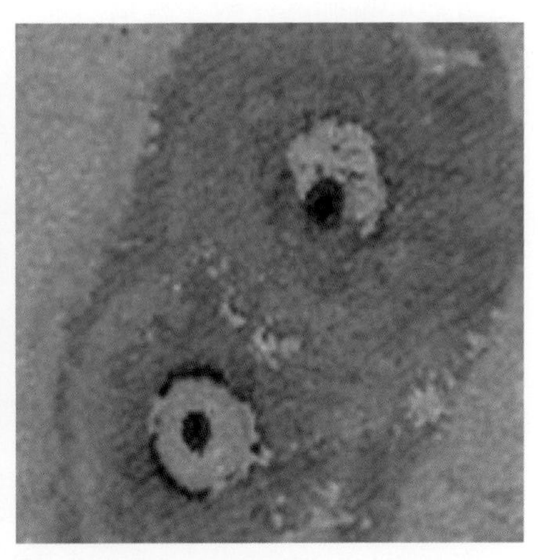

含氯化物的再生盐会对器械表面造成严重的点状腐蚀。原因：清洁消毒装置 (RDG) 中离子交换器接口不密封

在不含氯化物或氯化物含量极低的环境条件下，无论器械表面的光亮程度或是当前钝化层的厚度如何，都不可能出现点状腐蚀或应力裂纹腐蚀，或者也仅是分散出现。如果高品质的新器械出现了腐蚀现象，但同时处理的旧器械没有此情况，依目前的研究结果，问题出在清洗消毒处理的工艺条件上，其中一个或多个清洗消毒处理步骤已达到甚至超过了工艺条件的安全极限值。

除了标准化可淬火处理的铬钢之外，还有其他已标准化、不可淬火处理但改良过铬含量的铬钢以及不锈耐酸的铬镍钢，都可按照标准用于制造器械。但上述钢材的可用性因机械特性受限，只适用于少数器械类型。

着色腐蚀——奥氏体显微结构、不锈耐酸的器械钢材（500 倍放大）

微创外科手术及内镜器械因应用技术和结构设计不同，所需加工材料也不同。其中最重要的材料如下：

- 不锈耐酸的铬镍钢（也作为焊接填充材料）。
- 纯钛或钛合金。
- 钴铬合金。
- 硬质合金（如烧结合金、镍基碳化钨、钴铬合金）。
- 表面改良有色金属合金（如镀镍、镀铬黄铜）。
- 涂层（如氮化铝钛、碳氮化钛、氮化锆和氮化钛）。
- 轻金属（如阳极氧化铝）。
- 非耐腐蚀钢（如上漆的组件和单件）。
- 镜片玻璃。
- 陶瓷。
- 油灰和粘合剂。
- 焊剂。
- 塑料和橡胶。

这些不同类型材料的组合可能会对清洗消毒处理产生不同的要求。因此，根据器械类型可能采取不同于一般处理的特殊方法。相关建议请见制造厂商的使用说明书。

4.1.1.2 结构布局　手术器械的清洗消毒处理对于患者和使用者的安全具有重大意义。开发手术器械时必须事先考量清洗消毒处理的可行性。除了清洗消毒处理，还必须重视其功能性。为了尽可能地提升患者使用的安全性，往往需要把器械拆分到最小单位，如将医疗产品拆开清洁，则可达到最佳清洁效果。即便如此，还是存在局限性。许多直径小于 3mm 的手术器械（如微创手术中的铰接器械）很难拆卸，因为要拆卸和安装这些精密纤细的单件实在非常复杂。另外一个重点是选择材料和连接技术。由于 134℃高温的蒸汽灭菌是目前最重要的灭菌方法，所以使用的材料必须耐高温。对所选材料的另一个要求，是在所有可能发生蛋白质污染的特殊使用范围内都必须耐碱。

为了达到最佳的清洗消毒处理效果，手术器械、清洁消毒自动化设备、灭菌器和制程化学品的制造厂商等各方还需要紧密合作。

4.2 检测材料及适用范围

名称：棉毛布	规格：全棉，$130g/m^2$
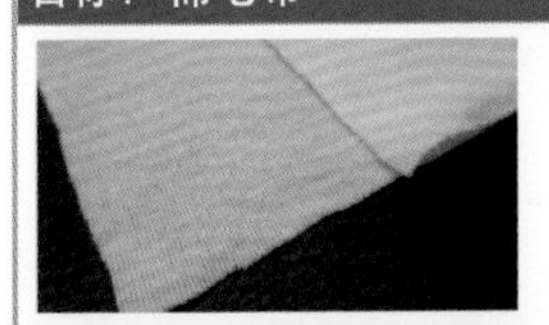	适用范围： 敷料剪、绷带剪（用 2 层） 线剪、组织剪（用 1 层）
名称：医用纱布	规格：脱脂棉纱布，21s×21s
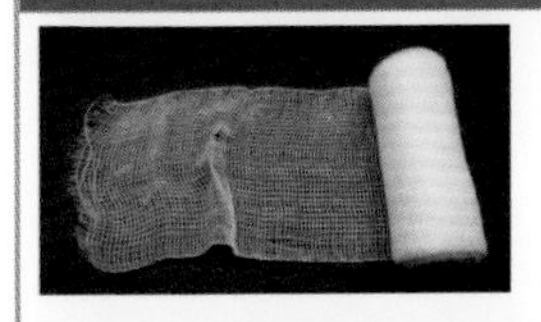	适用范围： 显微剪
名称：塑料袋	规格：PE，12 丝（聚乙烯，塑料袋双层厚度 0.12mm）
	适用范围： 刀片、手术刀
名称：卡纸	规格：$120g/m^2$
	适用范围： 骨剪、咬骨钳
名称：棉纸	规格：$28g/m^2$
	适用范围： 无损伤钳、无损伤镊
名称：硅胶管	规格：5mm×6mm （外径 6mm，内径 5mm）
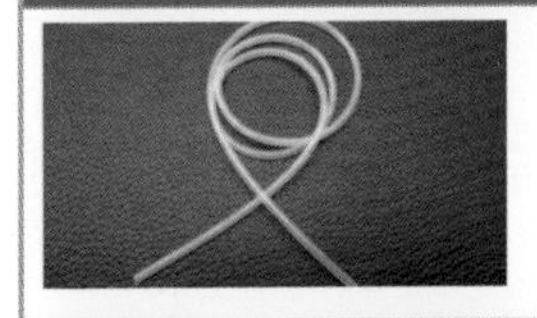	适用范围： 髓核钳
名称：亚克力棒	规格：聚甲基丙烯酸甲酯 （PMMA）
	适用范围： 骨刀、骨凿

4.3 手术器械的日常检测及维护保养

4.3.1 外科手术刀、刀柄

4.3.1.1 日常重点检查部位

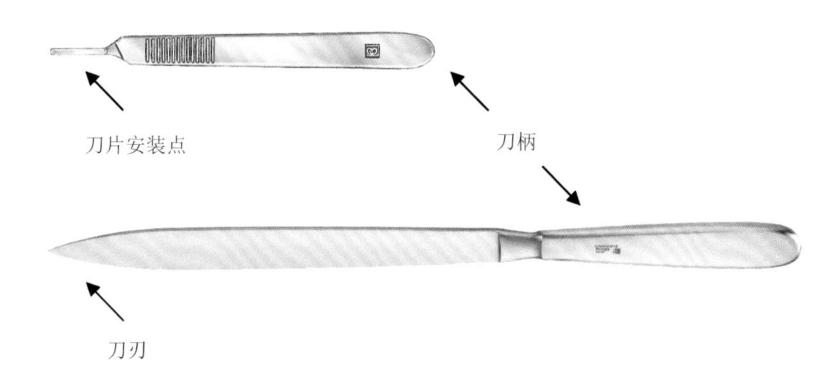

4.3.1.2 检查评估要点

重点检查部位	可能存在的问题	建议处理方式
刀片安装点	表面腐蚀、点状腐蚀	维修或更换
	磨损	维修或更换
	变形	维修或更换
刀刃	磨损	更换
	变形	更换
刀柄	点状腐蚀	更换

4.3.1.3 功能测试方法

切割测试——手术刀

测试：

- 展开测试膜并施加轻微压力使手术刀划过测试膜。
- 器械应该可以很轻易地切开测试膜而不发生撕裂。

结果：

- 刀尖无须用力即可穿透测试膜。
- 测试切割面必须平整。
- 在切割时测试膜不能黏附在刀刃上。

4.3.1.4 测试评估结论　性能良好的手术刀其刀刃应无缺口、卷刃、裂纹等现象。刀刃应锋利，且具有良好的弹性。刀柄外形的轮廓应清晰，不应有腐蚀、锋棱和毛刺等现象。

4.3.1.5 日常保养方法　手术刀、刀柄结构较为简单，无关节、螺钉等连接部位，因此如无腐蚀、变形等现象，除上述的功能检测外，日常无须刻意单独保养。

4.3.2 外科手术剪刀

4.3.2.1 日常重点检查部位

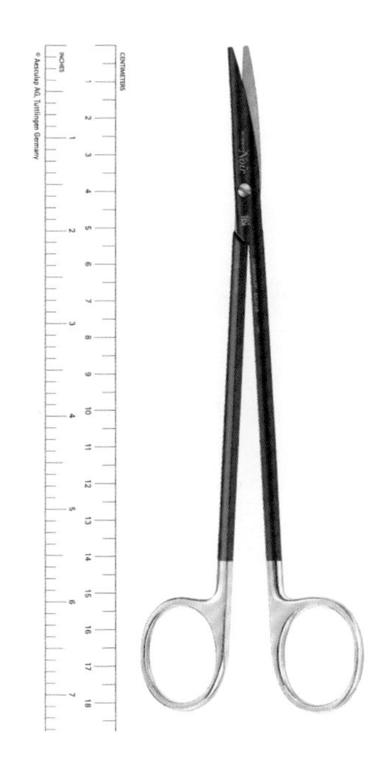

4.3.2.2 检查评估要点

重点检查部位	可能存在的问题	建议处理方式
刀刃	应力裂纹腐蚀	更换
	磨损	维修或更换
	变形	更换
碳钨合金镶片	外来腐蚀	保养和维修
	磨损	维修或更换
关节	应力裂纹腐蚀	更换
	螺钉松动	维修
内侧摩擦接触面	摩擦腐蚀	保养、维修或更换
环状手柄	外来腐蚀	保养和维修
	点状腐蚀	更换

4.3.2.3 功能测试方法

切割测试——手术剪

测试：

- 使用手术剪剪切测试材料，刀刃的 80% 用于测试并应垂直于测试材料，在环状手柄上不施加任何侧向压力剪切 3 次。

结果：

- 剪刀必须完整剪切到材料末端。
- 测试切割面必须平整。
- 剪刀闭合后不能有材料的拖曳。

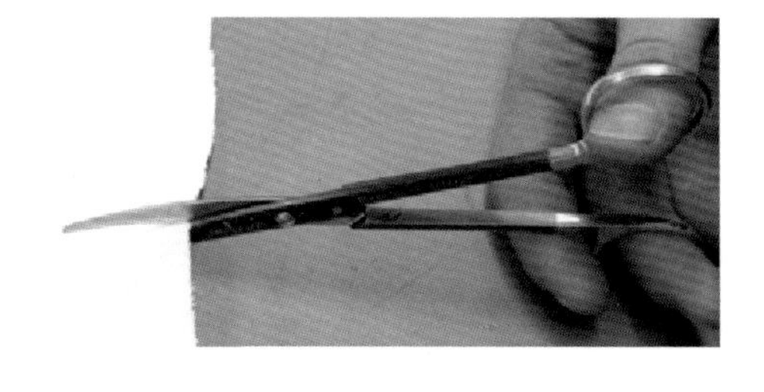

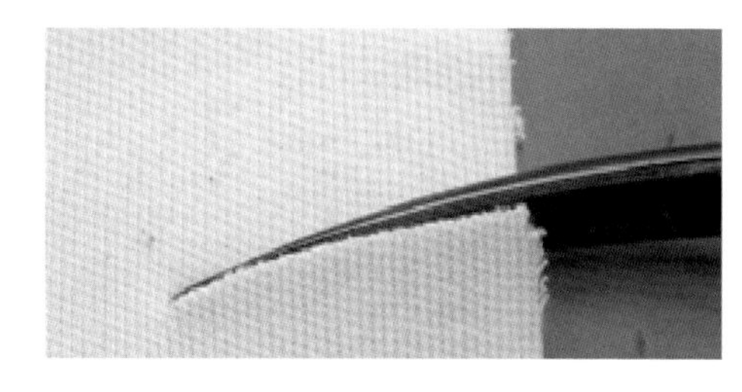

闭合下落测试——手术剪

测试：

- 打开剪刀，成 90° 交叉，然后松手，自然下落。

结果：

- 剪刀刀片应接触并在刀片长度 1/3 处停止，约 2/3 仍处于打开状态。

4.3.2.4 测试评估结论　手术剪的螺钉应牢固固定，当闭合或打开时螺钉不应跟动。剪刀刃口不应有明显的变形、裂纹现象，在闭合或打开时不应有咬口或卡住。剪刀开闭应灵活，刃口接触点在不小于距头端 2/3 刃口的长度处。

剪刀剪切应顺畅，测试材料切边应整齐，不应有撕裂、拖曳现象。

4.3.2.5 日常保养方法　用保养油润滑手术剪的关节部位。

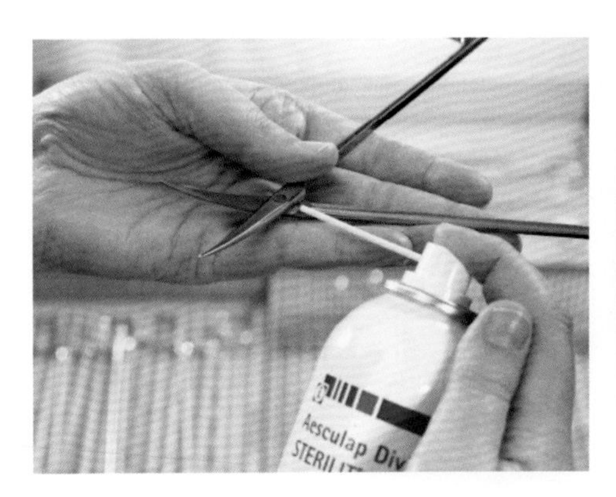

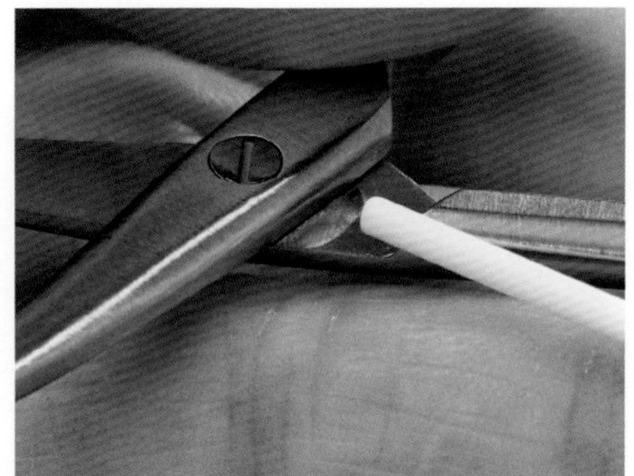

4.3.3 外科显微剪

4.3.3.1 日常重点检查部位

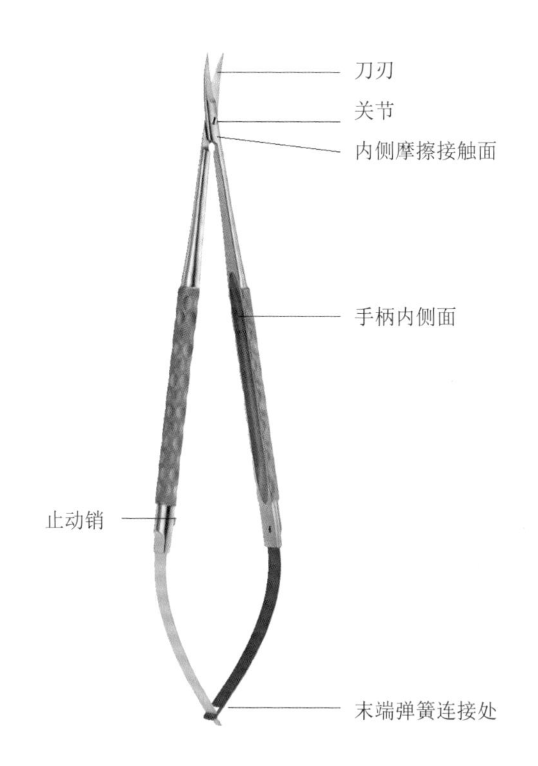

4.3.3.2 检查评估要点

重点检查部位	可能存在的问题	建议处理方式
刀刃	应力裂纹腐蚀	更换
	磨损	维修或更换
	变形	更换
关节	应力裂纹腐蚀	更换
	螺钉松动	维修
内侧摩擦接触面	摩擦腐蚀	保养、维修或更换
止动销	松动、缺失、变形	更换
末端弹簧连接处	应力裂纹腐蚀	更换

4.3.3.3 功能测试方法

切割测试——显微剪

测试：

• 展开测试材料，用显微剪剪切时不施加侧向压力，也不拉扯材料，用 2/3 刃口剪切 3 次。

结果：

• 测试材料被切断部分必须到剪刀头端，剪刀闭合后不能有材料的拖曳。

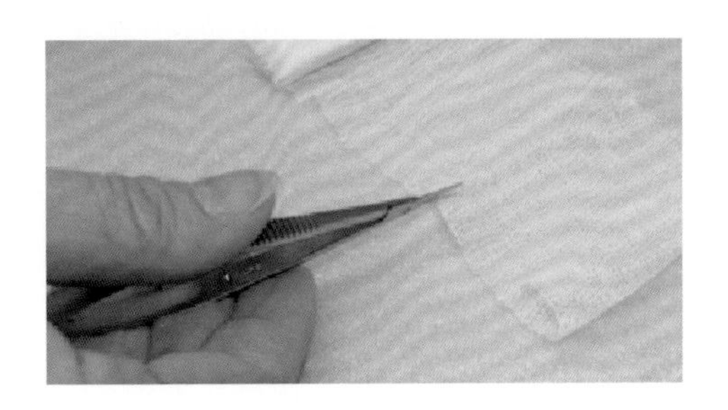

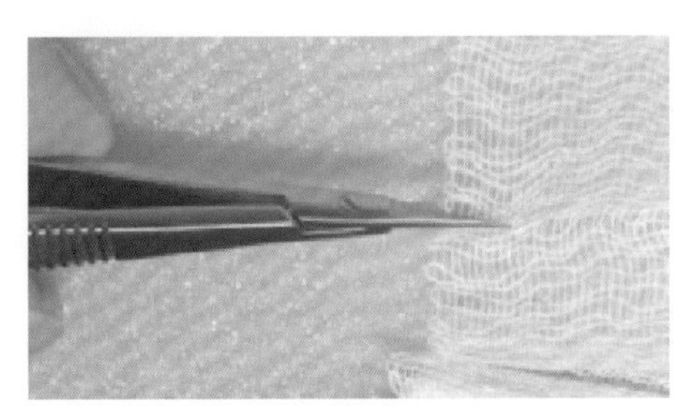

4.3.3.4 测试评估结论　显微剪的螺钉应牢固固定，当闭合或打开时螺钉不应跟动。剪刀刃口不应有明显变形、裂纹，在闭合或打开时不应有咬口或卡住现象。剪刀开闭应灵活，末端弹簧处不应有变形或裂纹。

剪刀剪切应顺畅，测试材料切边应整齐，不应有拖曳现象。

4.3.3.5 日常保养方法　用保养油润滑显微剪的关节部位。

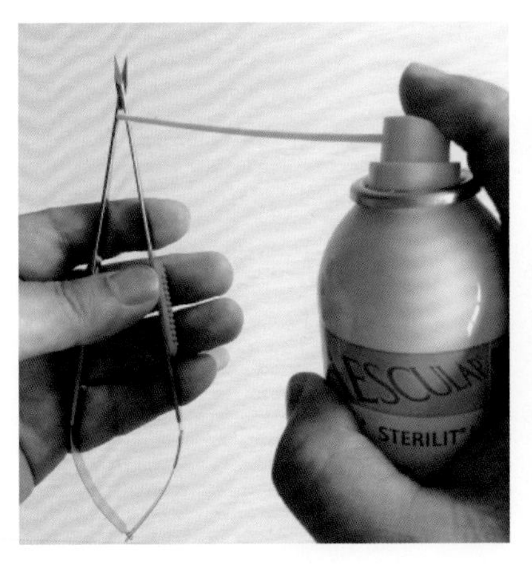

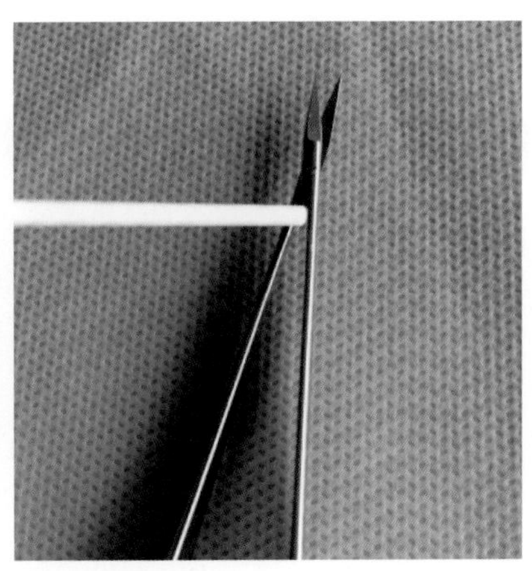

建议使用“器械固定系统”对显微器械进行固定，并使用坚固的灭菌盒进行打包装载，以确保器械在处理、运输过程中不因意外的碰撞、挤压而变形。

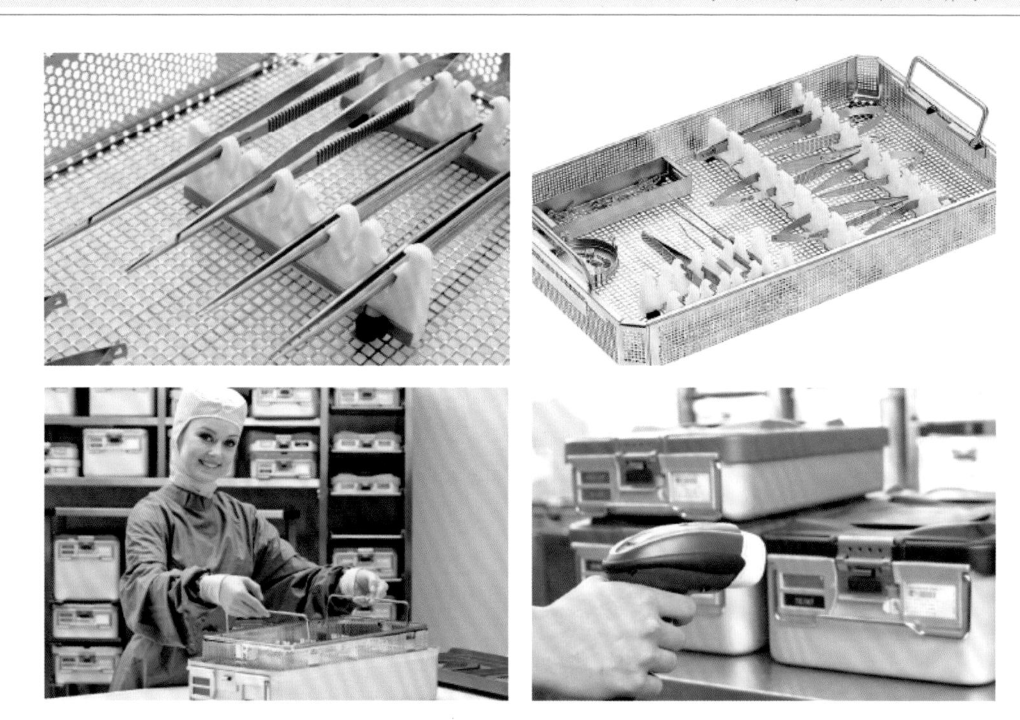

4.3.4 医用镊

4.3.4.1 日常重点检查部位

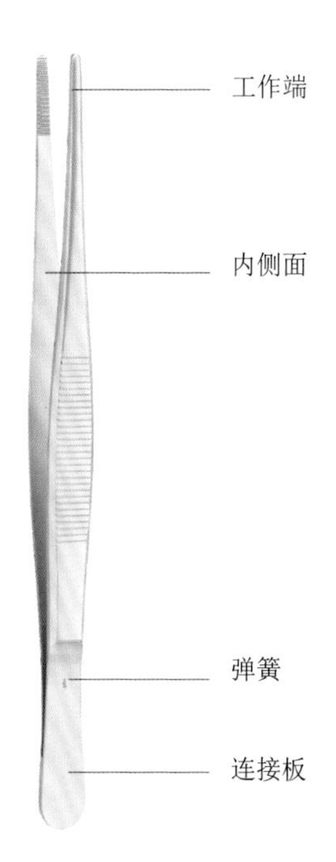

4.3.4.2 检查评估要点

重点检查部位	可能存在的问题	建议处理方式
工作端	表面腐蚀	保养和维修
	磨损	维修或更换
	变形	更换
	应力裂纹腐蚀	更换
内侧面	表面腐蚀	维修
弹簧	点状腐蚀、变形	更换
连接板	点状腐蚀、应力裂纹腐蚀	更换

4.3.4.3 功能测试方法

夹闭测试——医用镊

带锯齿的组织镊

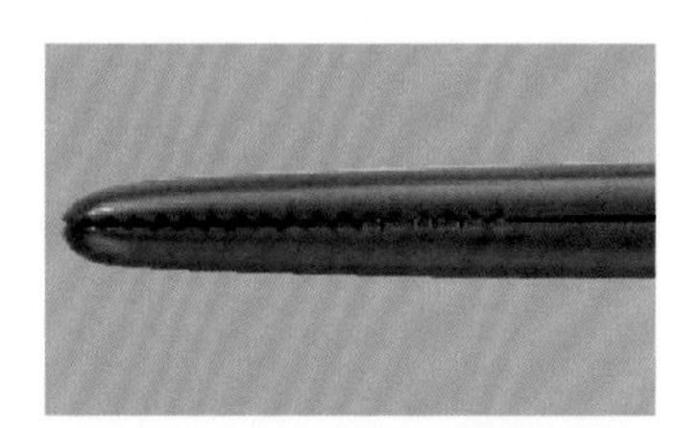

- 工作端夹闭时应弹性良好，从顶端到锯齿侧边至少 2/3 的部分关闭。对于带有纵向或横向锯齿的组织镊，两边锯齿应互相咬合，无错齿。

有齿镊

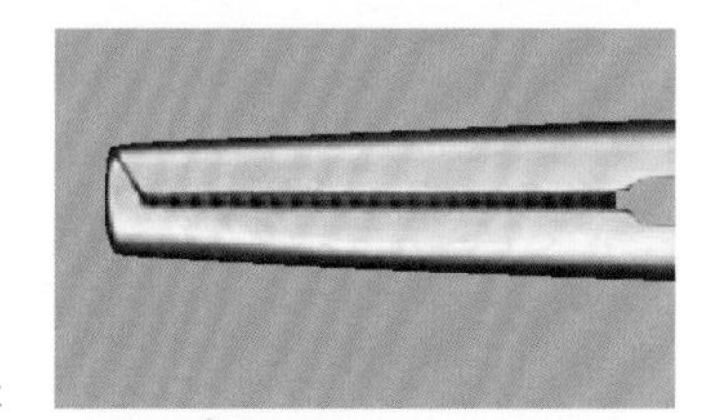

- 工作端夹闭时应弹性良好，从顶端到锯齿侧边至少 2/3 的部分关闭。头端鼠齿不能起钩或缺失，且必须尖锐，齿形一致。两边锯齿应互相咬合，无错齿。

碳钨合金镶片镊

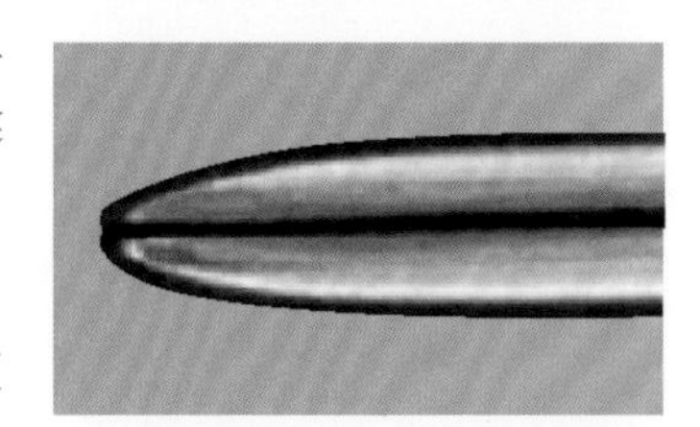

- 工作端夹闭时应弹性良好，从顶端到整个夹闭长度范围无缝隙，两边的碳钨合金镶片必须互相咬合工整，不能存在开放部位，以防止夹持缝针时发生滚针现象。

无损伤镊

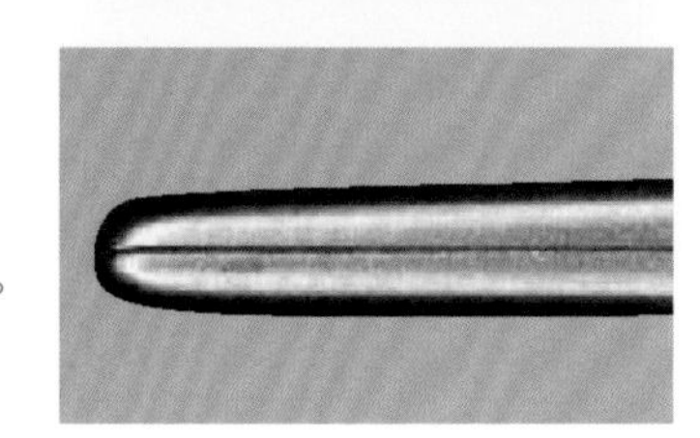

- 工作端夹闭时应弹性良好，从顶端到整个咬合面应完全闭合。
- 通过目视和棉纸测试检查确定无损伤齿面，无毛刺和缺损。
- 当工作端闭合时，不能存在开放部位或移动。

4.3.4.4 测试评估结论　医用镊整体应对称，外表面光滑，无毛刺、裂纹等缺陷。镊子的头端如有齿，则齿形应清晰完整，不应有缺齿和毛刺。镊子应有良好的弹性，两片金属连接牢固，无裂纹。镊子如有定位销应固定牢固，无松动现象。

4.3.4.5 日常保养方法　医用镊结构较为简单，无关节、螺钉等连接部位，因此如无腐蚀、变形等现象，除上述的功能检测外，日常无须刻意单独保养。

4.3.5 血管钳、阻断钳和布巾钳

4.3.5.1 日常重点检查部位

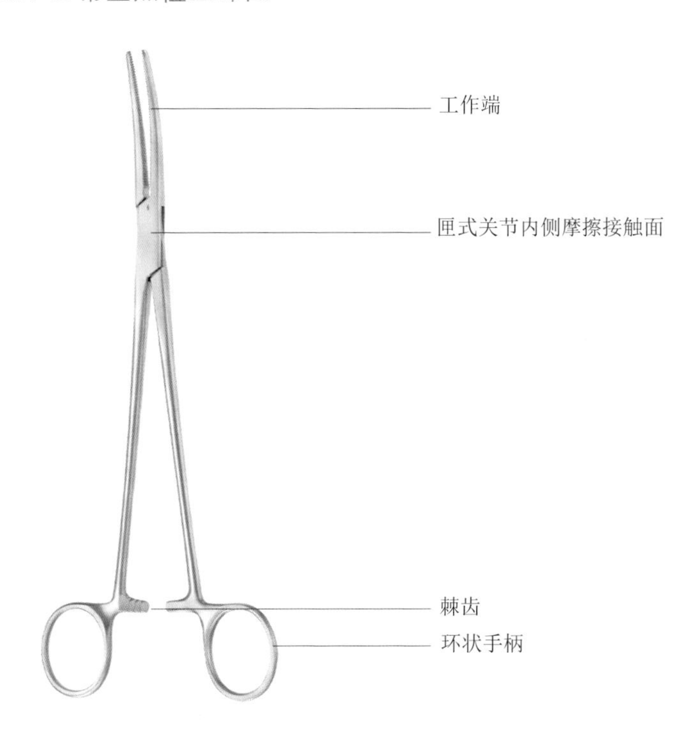

4.3.5.2 检查评估要点

重点检查部位	可能存在的问题	建议处理方式
工作端	有机物残留	清洗，超声清洗
	表面腐蚀	维修
	磨损	维修或更换
	变形	更换
匣式关节内侧摩擦接触面	应力裂纹腐蚀	更换
	摩擦腐蚀	维修或更换
棘齿	磨损	更换
环状手柄	点状腐蚀	更换

4.3.5.3 功能测试方法

夹闭性能测试——血管钳

测试：

• 对于工作端带有锯齿的血管钳，完全夹闭时，整个咬合面应完全闭合，无错齿。止血钳手柄应有良好的弹性，棘齿咬合完整牢固。

结果：

• 夹闭性能完好的血管钳应咬合而完全闭合，如图所示。

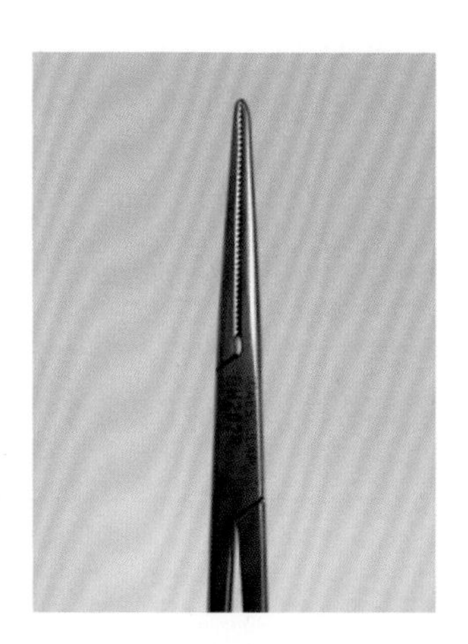

晃动及闭合下落测试——血管钳

测试：

• 打开血管钳，成45° 交叉，分握血管钳的两个手柄，并上下晃动。

• 打开血管钳，成45° 交叉，然后松开一侧手柄，并观察其开合状态。

结果：

• 血管钳晃动测试时，血管钳匣式关节部位不能有上下摇摆的现象。

• 血管钳的手柄应该在任何位置都可以停留并在外力作用下平滑移动。

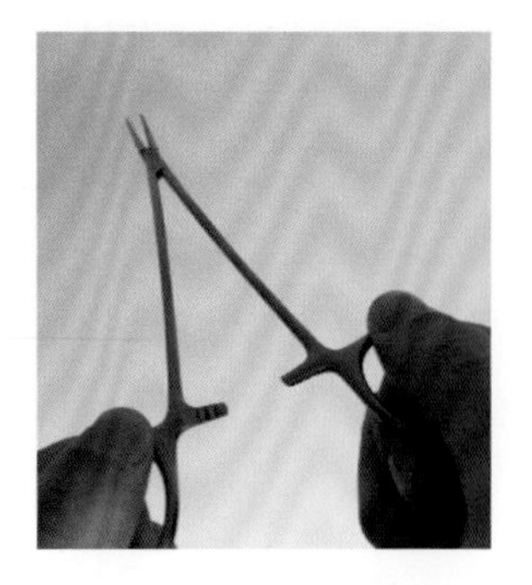

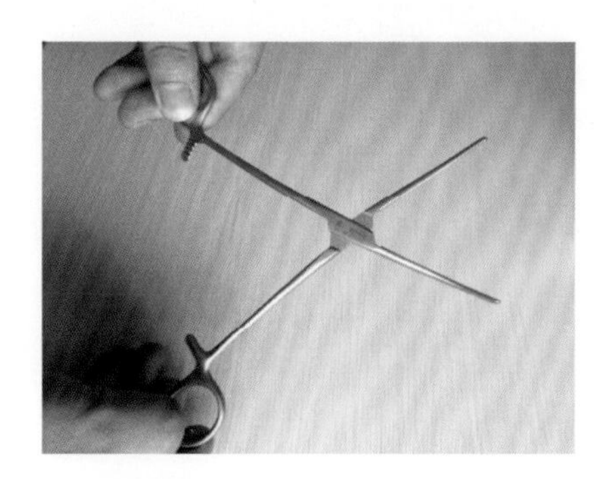

夹闭性能测试——无损伤阻断钳

测试：

- 用无损伤阻断钳完整夹闭测试纸，并维持 3s 以上的时间。

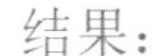

结果：

- 打开阻断钳，在测试纸上必须可以看见清晰的齿印。
- 对光检查测试纸。
- 测试纸上不能出现任何的孔洞。

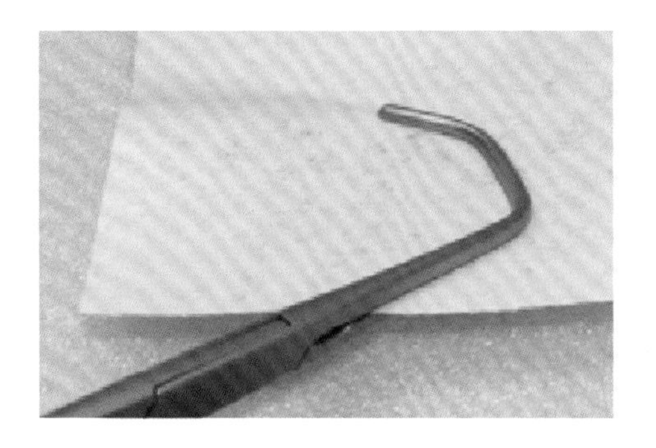

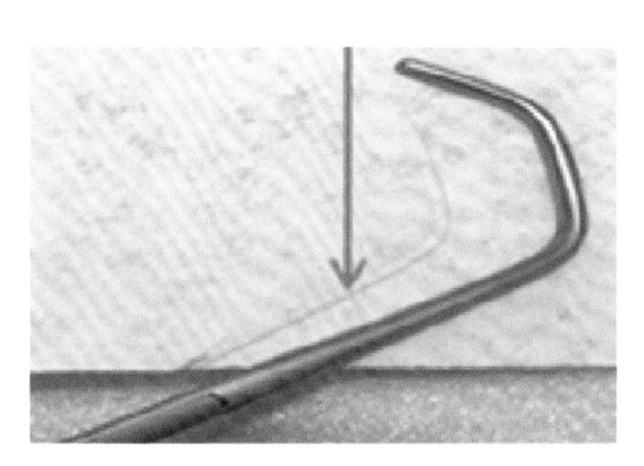

4.3.5.4 测试评估结论　钳子表面无毛刺、腐蚀和裂纹。工作端咬合完整，无缺齿、错齿现象。匣式关节部位无应力裂纹和摩擦腐蚀。手柄端棘齿咬合完整牢固。

4.3.5.5 日常保养方法　用保养油润滑钳子的匣式关节部位。

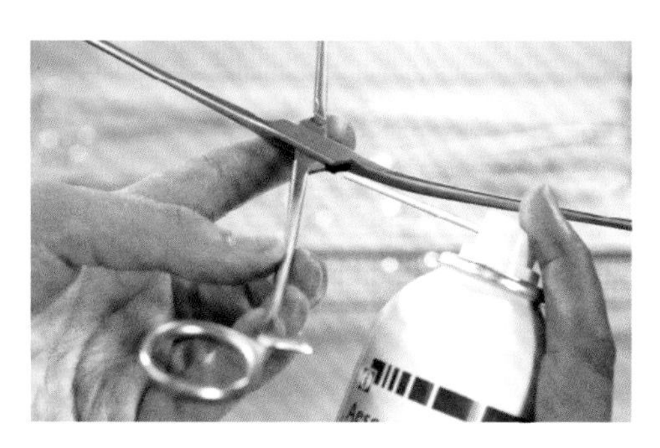

4.3.6 持针器

4.3.6.1 日常重点检查部位

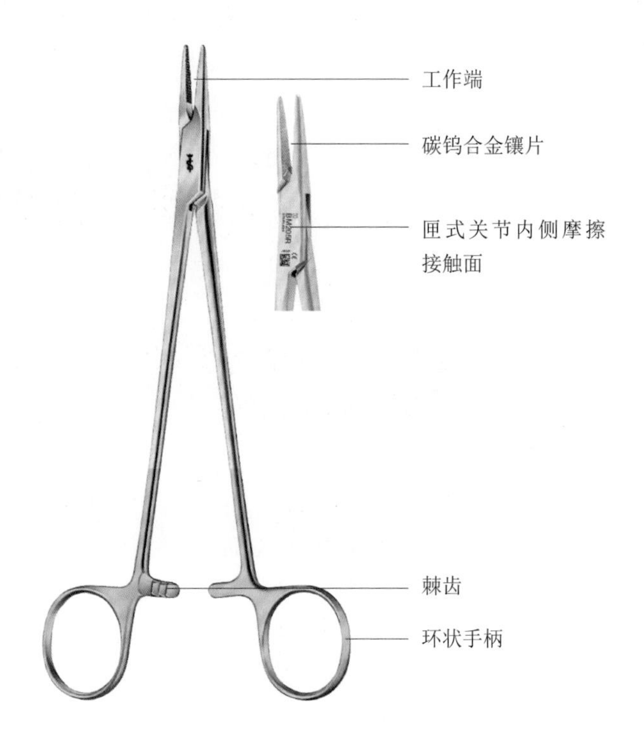

4.3.6.2 检查评估要点

重点检查部位	可能存在的问题	建议处理方式
工作端	磨损	维修或更换
	变形	更换
碳钨合金镶片	磨损	更换
	应力裂纹腐蚀	更换
匣式关节内侧摩擦接触面	应力裂纹腐蚀	更换
	摩擦腐蚀	保养、维修或更换
棘齿	磨损	更换
环状手柄	点状腐蚀	更换

4.3.6.3 功能测试方法

夹闭性能测试——持针器

测试：

• 缓慢夹闭持针器，从棘齿接触直至咬合到最后一个齿扣。

结果：

• 持针器工作端开始接触时，棘齿也开始接触。齿扣完全咬合时，头端至少 2/3 闭合。

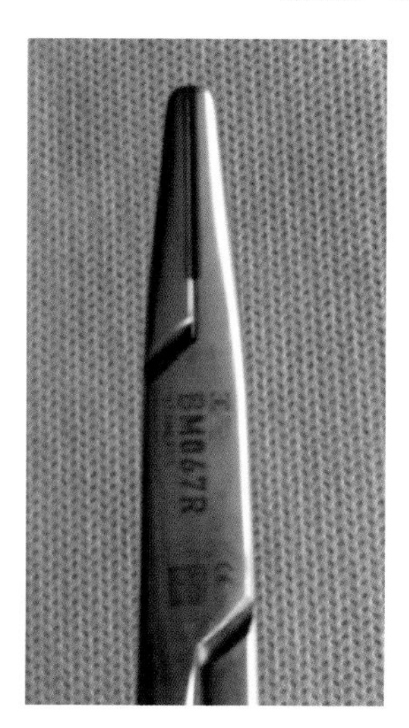

晃动及闭合下落测试

测试：

• 打开持针器，成 45° 交叉，分握持针器的两个手柄，并上下晃动。

• 打开持针器，成 45° 交叉，然后松开一侧手柄，并观察其开合状态。

结果：

• 持针器晃动测试时，持针器匣式关节部位不能有上下摇摆的现象。

• 持针器的手柄应该在任何位置都可以停留，并在外力作用下平滑移动。

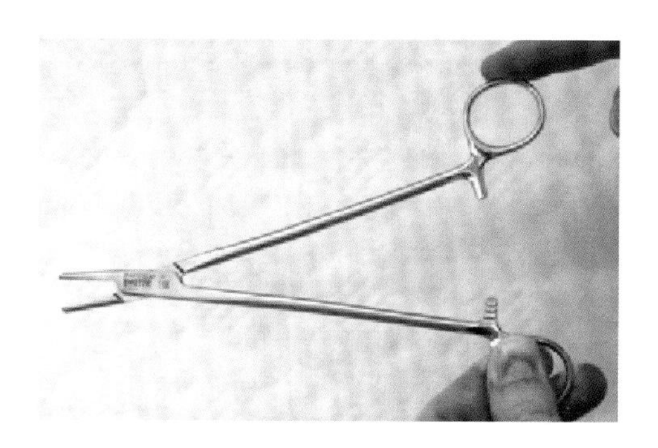

4.3.6.4 测试评估结论　持针器表面无毛刺、腐蚀和裂纹。工作端咬合完整，无错齿、应力裂纹现象。匣式关节部位无应力裂纹和摩擦腐蚀。手柄端棘齿咬合完整牢固。

4.3.6.5 日常保养方法　用保养油润滑持针器的匣式关节部位。

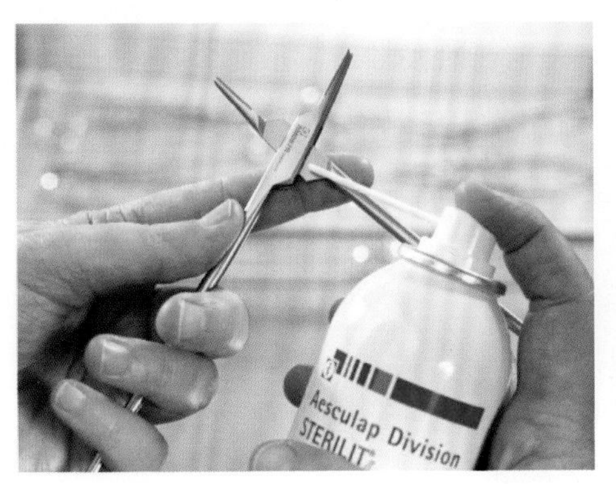

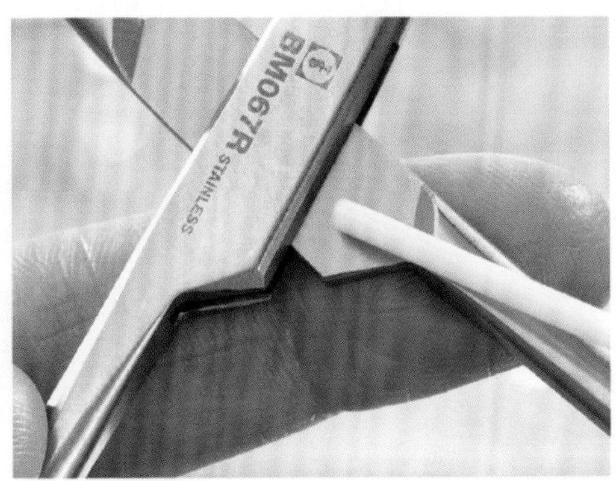

4.3.7 显微持针器

4.3.7.1 日常重点检查部位

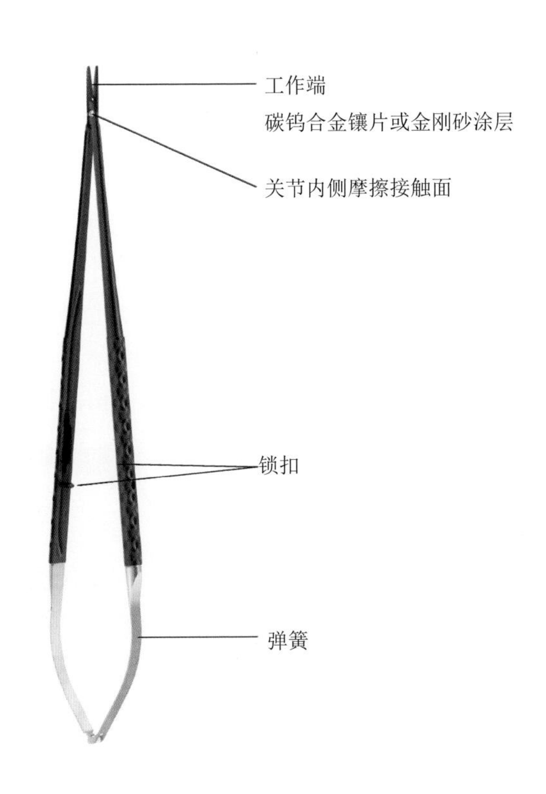

4.3.7.2 检查评估要点

重点检查部位	可能存在的问题	建议处理方式
工作端	磨损	维修或更换
	变形	更换
碳钨合金镶片或金刚砂涂层	磨损	更换
	应力裂纹腐蚀	更换
关节内侧摩擦接触面	应力裂纹腐蚀	更换
	摩擦腐蚀	保养、维修或更换
锁扣	外来腐蚀	保养或更换
弹簧	应力裂纹腐蚀	更换

4.3.7.3 功能测试方法

夹闭性能测试——显微持针器

测试：

- 缓慢夹闭持针器，直至工作端完全闭合。

结果：

- 持针器工作端应完全闭合无任何缝隙。
- 锁扣完全咬合，无松动和滑齿现象。

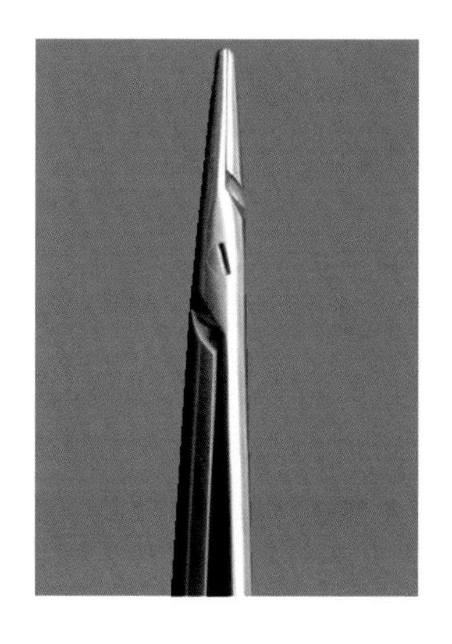

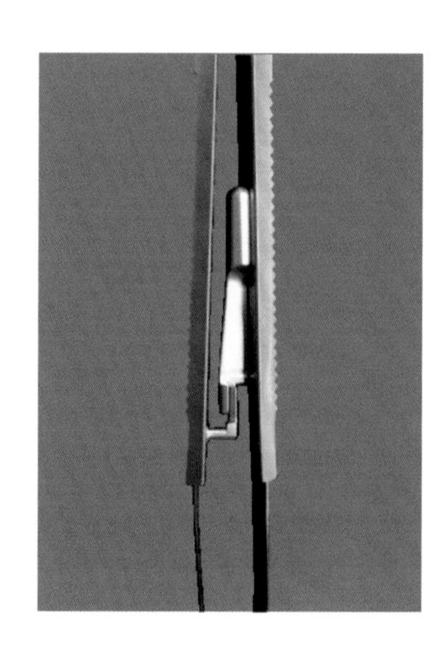

4.3.7.4 测试评估结论　显微持针器表面无毛刺、腐蚀和裂纹。工作端咬合完整，无错齿、应力裂纹现象。关节部位无应力裂纹和摩擦腐蚀。锁扣部位无腐蚀，扣合牢固无松脱。末端弹簧处不应有变形或裂纹。

4.3.7.5 日常保养方法　用保养油润滑显微持针器关节部位。

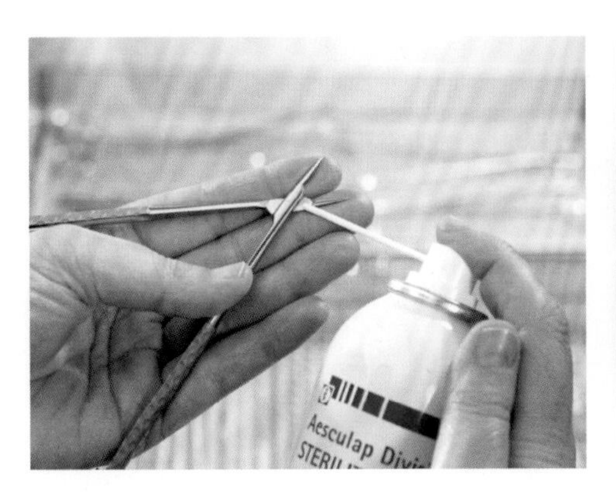

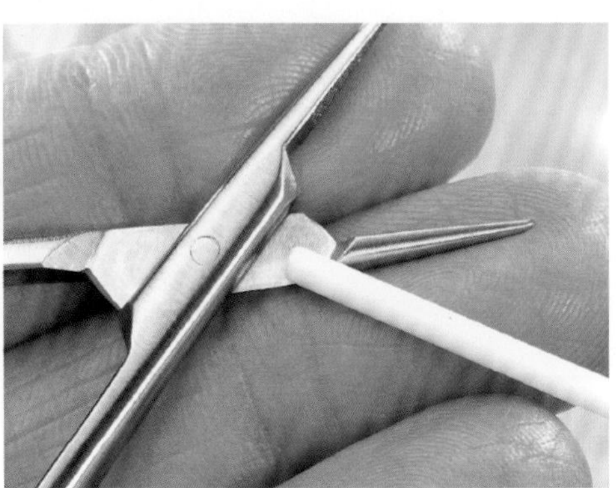

4.3.8 拉钩

4.3.8.1 日常重点检查部位

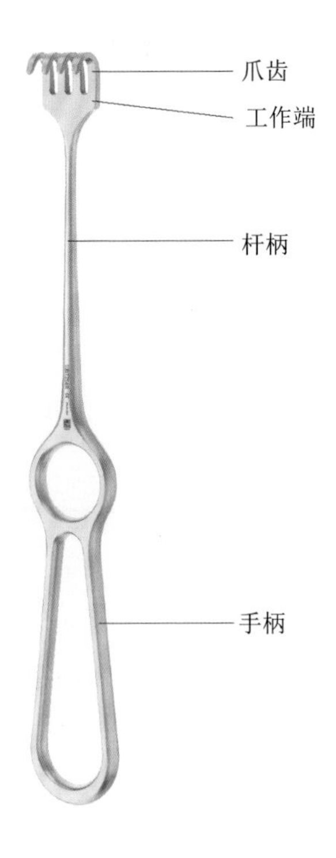

4.3.8.2 检查评估要点

重点检查部位	可能存在的问题	建议处理方式
爪齿	磨损	维修或更换
	变形	更换
工作端	有机物残留	清洗
	表面腐蚀	维修
杆柄	点状腐蚀	更换
	变形	更换
手柄	点状腐蚀	更换

4.3.8.3 功能测试方法

目视检测——拉钩

测试：

- 目视检测拉钩的工作端和爪齿。

结果：

- 锋利的爪齿仍然保持锋利。
- 每个爪齿都无腐蚀、变形和磨损。

锐头　半钝头　钝头

4.3.8.4 测试评估结论　拉钩表面无毛刺、腐蚀。工作端爪齿无腐蚀、磨损和变形。杆柄和手柄处无明显的点状腐蚀。

4.3.8.5 日常保养方法　拉钩结构较为简单，无关节、螺钉等连接部位，因此如无腐蚀、变形等现象，除上述的功能检测外，日常无须刻意单独保养。

4.3.9 自动牵开器

4.3.9.1 日常重点检查部位

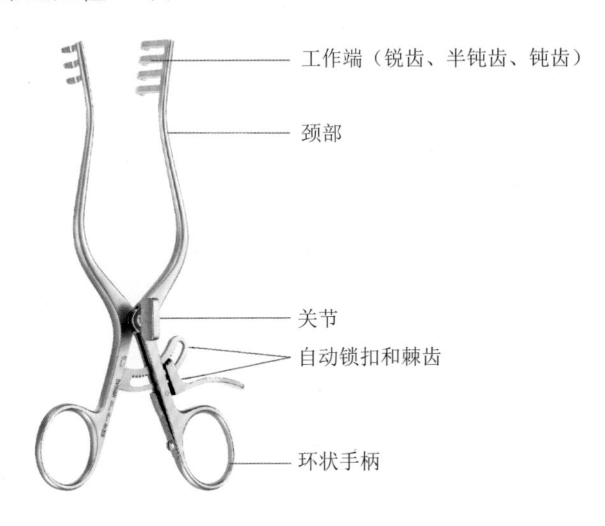

4.3.9.2 检查评估要点

重点检查部位	可能存在的问题	建议处理方式
工作端	有机物残留	清洗或超声清洗
	表面腐蚀	维修
	磨损	维修或更换
	变形	更换
颈部	点状腐蚀	更换
关节	应力裂纹腐蚀	更换
自动锁扣和棘齿	磨损	维修或更换
	变形	更换
环状手柄	点状腐蚀	更换

4.3.9.3 功能测试方法

手工测试——自动牵开器

测试：

- 通过功能测试检查小齿轮、螺纹杆和平头螺钉。

结果：

- 每个位置都必须能平滑移动和牢固定位。

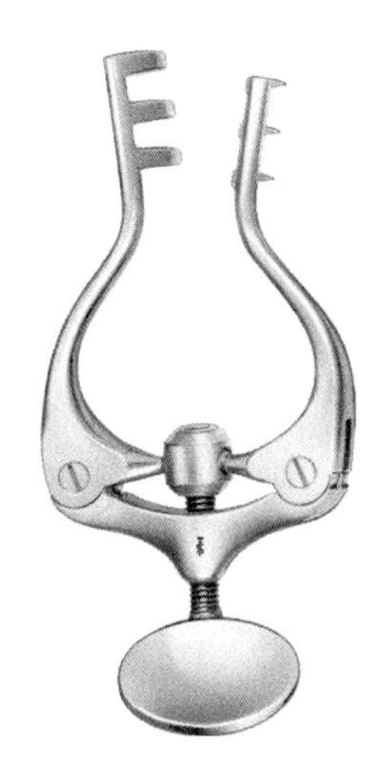

测试：

• 通过功能测试检查工作端的关节。

结果：

• 既能平滑地移动，又能保持在任何位置不松动。

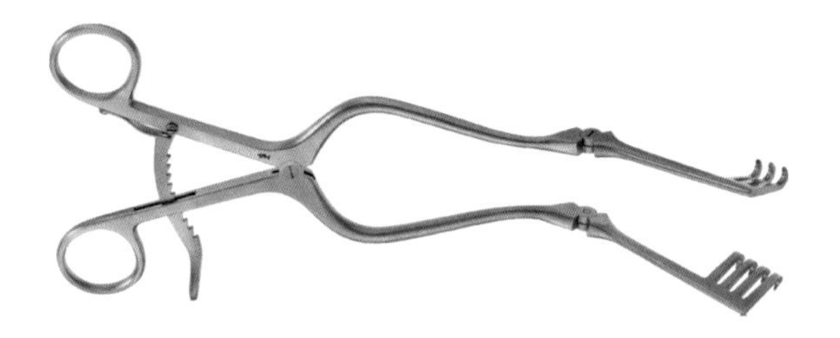

测试：

• 通过功能测试检查关节连接部位。

结果：

• 既能保持较紧状态，但又不被完全锁死，并能保证平滑运动。

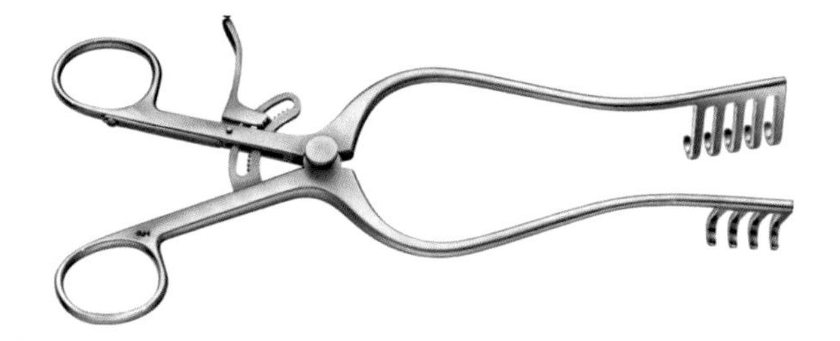

测试：

• 通过功能测试检查螺钉与螺帽的连接。

结果：

• 能平滑地转动，没有晃动的现象。

测试：

• 通过功能测试检查锁眼固定装置。

结果：

• 既可牢固地锁定拉钩片，又可在必要时轻松拧开。

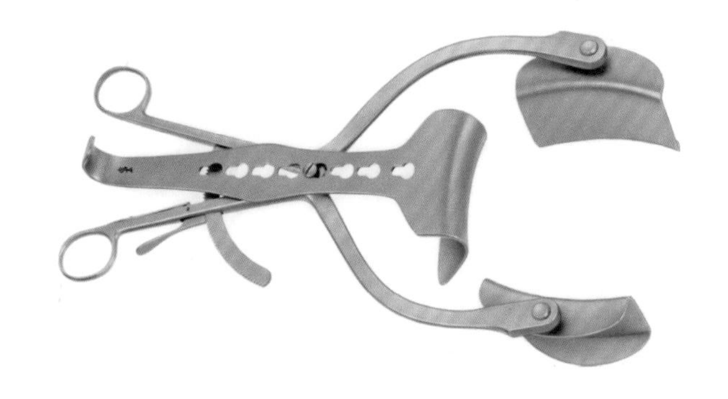

4.3.9.4 测试评估结论　自动牵开器外形应光滑、对称，叶片长度一致，表面无裂纹、毛刺和变形现象。牵开器的调节螺钉和关节部位可平滑运动，并提供牢固的定位。

4.3.9.5 日常保养方法　用保养油润滑自动牵开器的关节部位。

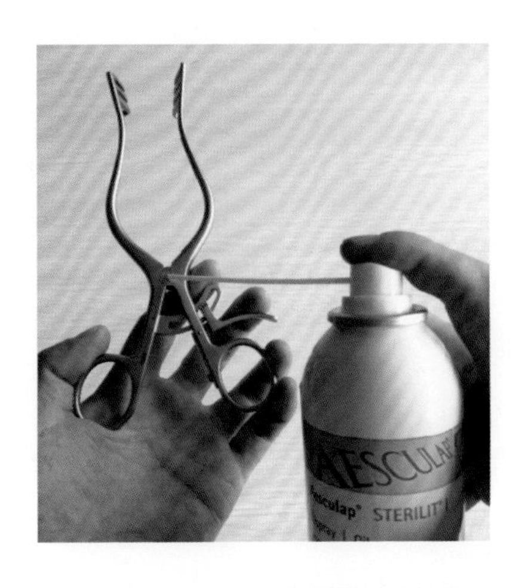

4.3.10 咬骨钳和骨剪

4.3.10.1 日常重点检查部位

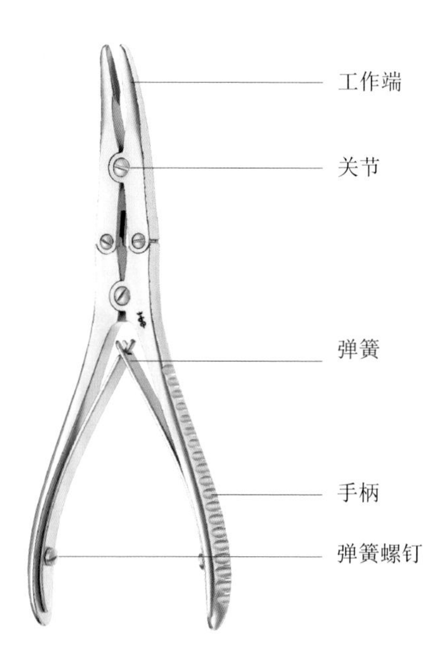

4.3.10.2 检查评估要点

重点检查部位	可能存在的问题	建议处理方式
工作端	有机物残留	清洗或超声清洗
	表面腐蚀	维修
	磨损	维修或更换
	变形	更换
关节	螺钉松动	维修
	摩擦腐蚀	保养、维修或更换
	应力裂纹腐蚀	更换
弹簧	变形	更换
手柄	点状腐蚀	更换
弹簧螺钉	螺钉松动	维修
	表面腐蚀	维修
	应力裂纹腐蚀	更换

4.3.10.3 功能测试方法

剪切测试——咬骨钳

测试：

• 咬骨钳连续剪切测试硬纸板3次。

结果：

• 每次都能将硬纸板完整地剪切下来。硬纸板切面必须平滑工整。

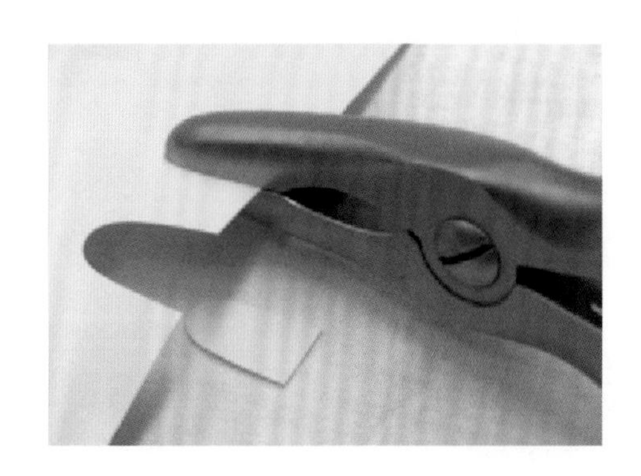

剪切测试——骨剪

测试：

• 骨剪连续剪切测试硬纸板3次。

结果：

• 每次都能将硬纸板完整地剪开，硬纸板切面必须平滑工整。

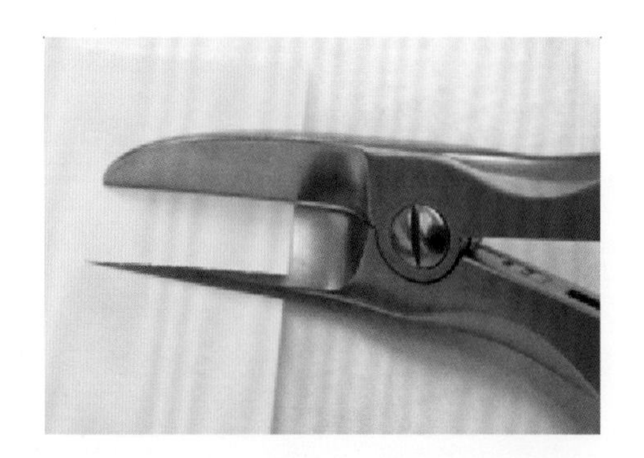

咬合性能测试——咬骨钳

测试：

• 将咬骨钳完全咬合。

结果：

• 咬骨钳工作端上下刃口必须完全咬合且无错位。

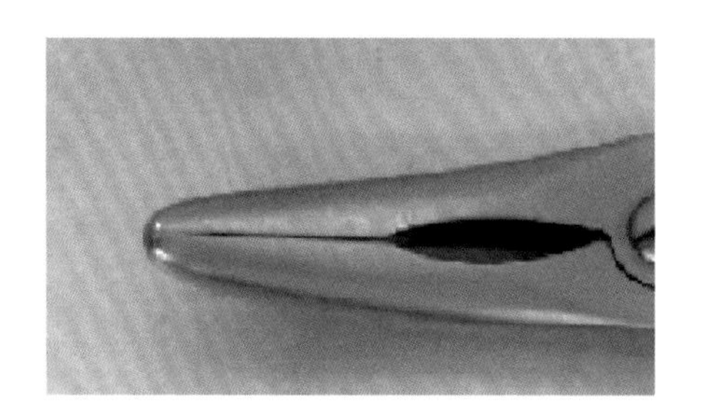

晃动测试——多关节咬骨钳和骨剪

测试：

- 握紧器械的手柄和工作端，随后上下晃动器械的工作端。

结果：

- 器械的工作端和关节处不应出现晃动现象。

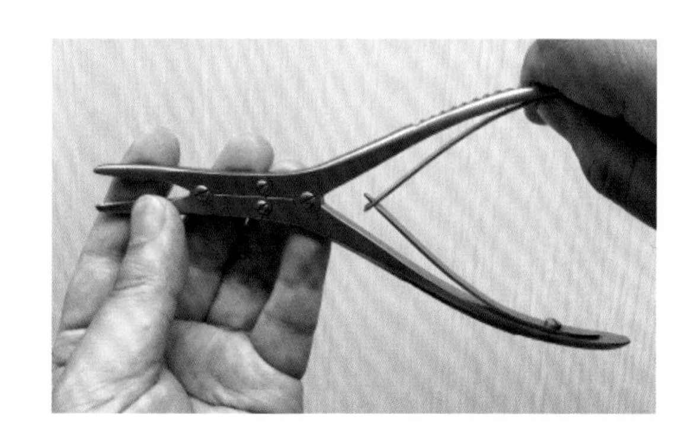

4.3.10.4 测试评估结论　咬骨钳和骨剪外形应光滑，刃口应锋利，无变形、卷刃等现象。工作端咬合时应相互吻合，无错位现象。关节处的螺钉无松动或应力裂纹现象。

4.3.10.5 日常保养方法　用保养油润滑咬骨钳和骨剪各处的关节。

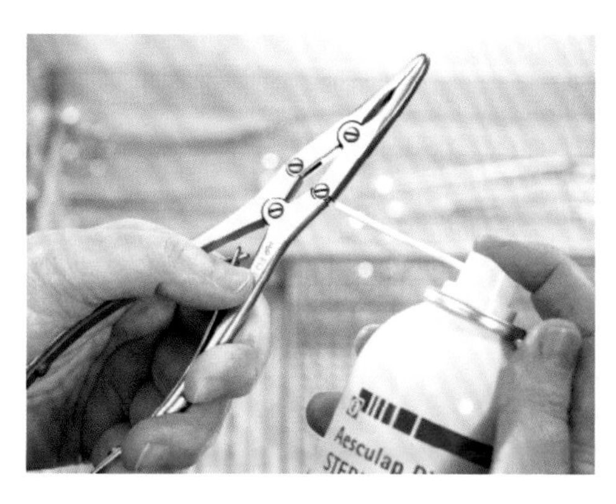

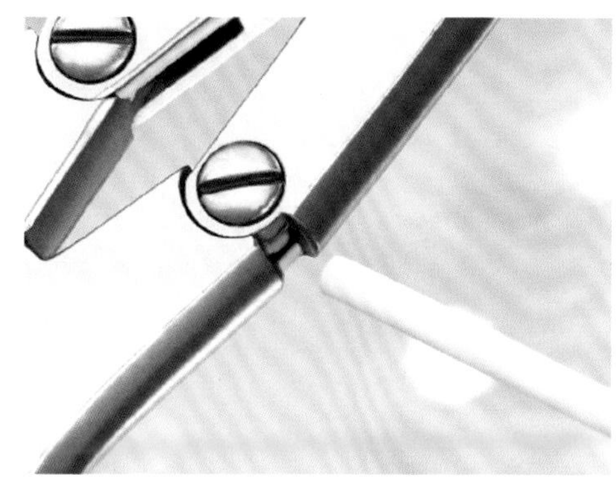

4.3.11 椎板咬骨钳和髓核钳

4.3.11.1 日常重点检查部位

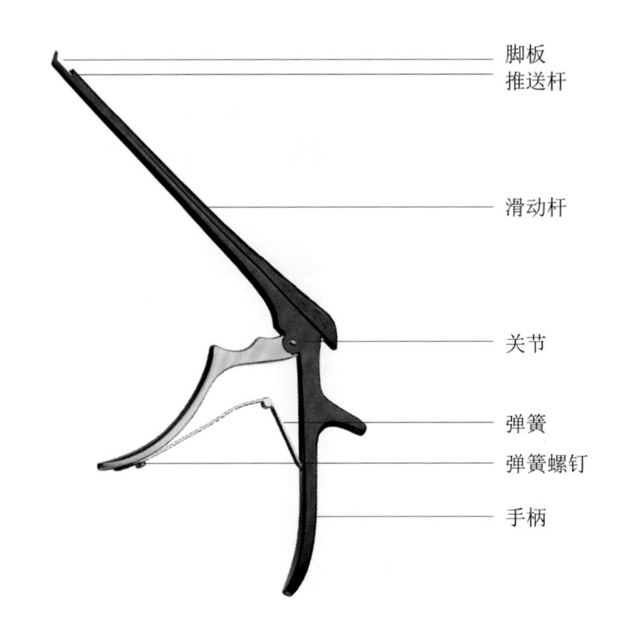

4.3.11.2 检查评估要点

重点检查部位	可能存在的问题	建议处理方式
脚板	磨损	维修或更换
	变形	更换
推送杆	有机物残留	清洗或超声清洗
滑动杆	有机物残留	清洗或超声清洗
关节连接处——螺钉	螺钉松动	维修
	摩擦腐蚀	保养、维修或更换
	应力裂纹腐蚀	更换
弹簧	变形	更换
弹簧螺钉	螺钉松动	维修
	表面腐蚀	维修
	应力裂纹腐蚀	更换
手柄	点状腐蚀	更换

4.3.11.3 功能测试方法

剪切测试——椎板咬骨钳

测试：

• 将椎板咬骨钳连续咬合剪切测试硬纸板 3 次。

结果：

• 每次都能将硬纸板完整地咬合剪切下来。硬纸板切面必须平滑工整。

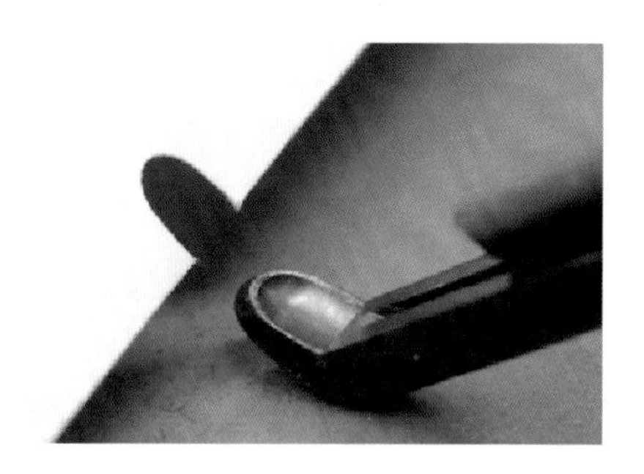

咬合切割测试——髓核钳

测试：

• 将髓核钳完整咬合住测试塑胶软管，随后轻轻拉动塑胶软管。

结果：

• 塑胶软管必须被完全切断。

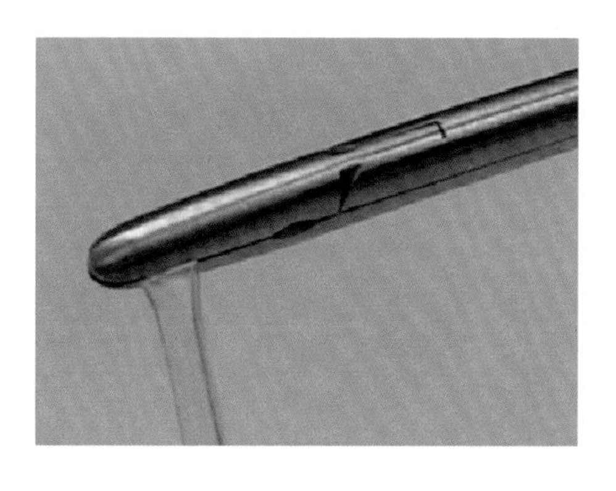

4.3.11.4 测试评估结论　椎板咬骨钳和髓核钳外形应光滑，工作端咬合时应相互吻合，无错位、变形等现象。椎板咬骨钳滑动杆运动时应平滑、清晰。关节处的螺钉无松动或应力裂纹，弹簧无变形和腐蚀。

4.3.11.5 日常保养方法　用保养油润滑椎板咬骨钳的（可拆卸）关节。

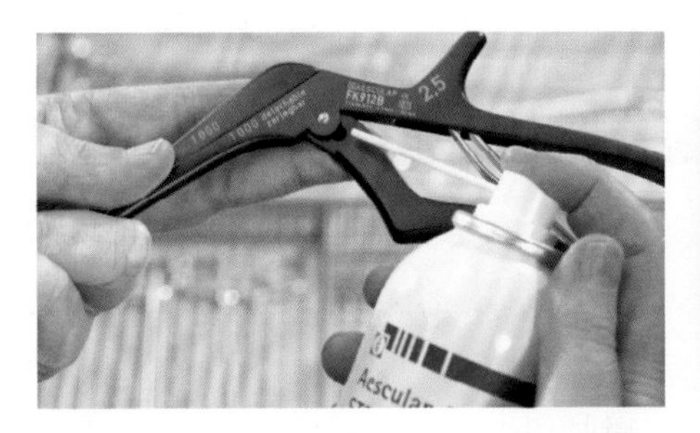
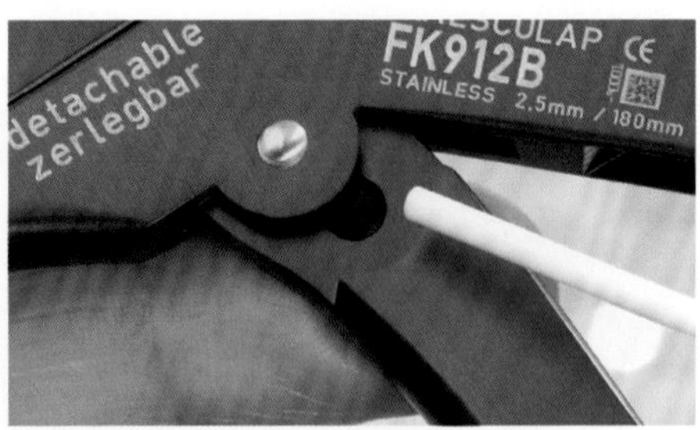

用保养油润滑椎板咬骨钳的滑动杆接触面。

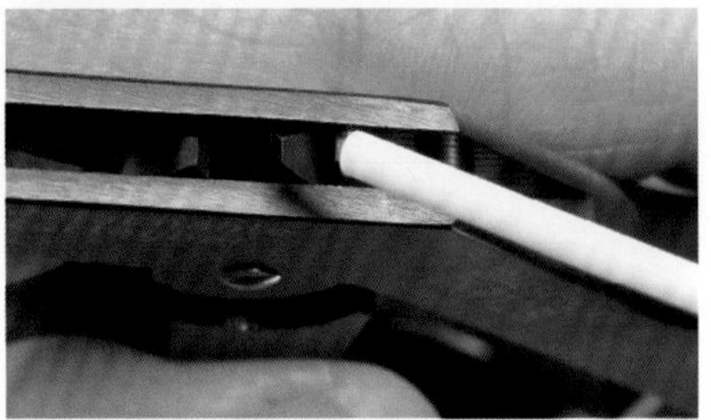

4.3.12 骨凿、骨刀和骨刮

4.3.12.1 日常重点检查部位

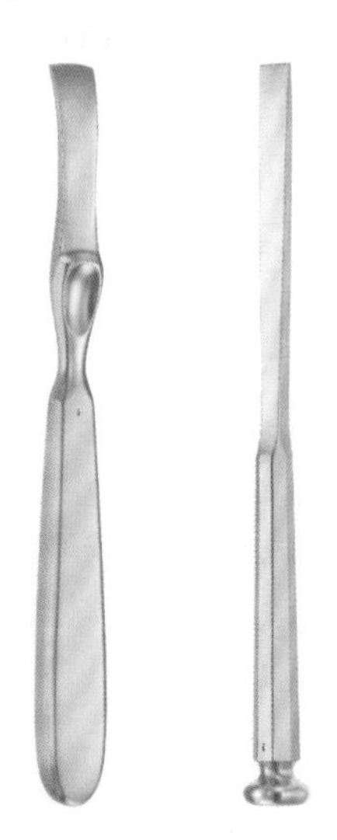

4.3.12.2 检查评估要点

重点检查部位	可能存在的问题	建议处理方式
刀刃	磨损	维修或更换
	变形	更换
手柄	表面腐蚀	维修
移动	点状腐蚀	更换

4.3.12.3 功能测试方法

切割测试——骨凿、骨刀

测试：

- 以约45° 的夹角将骨凿与亚克力材质的测试棒接触，随后施加轻微的推力，使骨凿在测试棒表面移动。

结果：

- 反复移动的过程中，骨凿不应完全在测试棒表面打滑（应有少量碎屑刮出）。

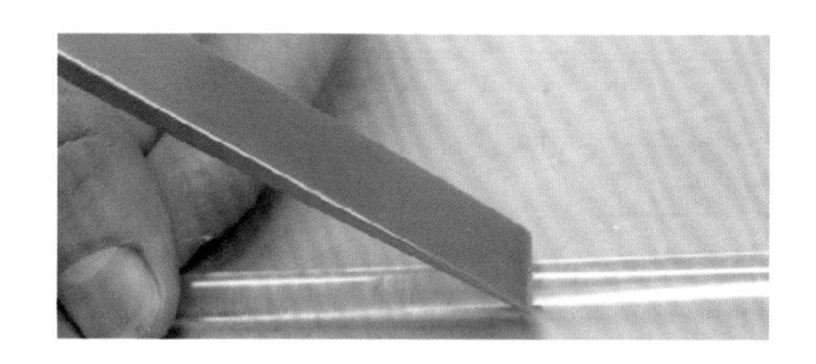

4.3.12.4 测试评估结论 骨凿、骨刀或骨刮表面无毛刺、腐蚀，工作端刃口无磨损和变形。杆柄和手柄处无明显的点状腐蚀。

4.3.12.5 日常保养方法 骨凿、骨刀或骨刮结构较为简单，无关节、螺钉等连接部位，因此如无腐蚀、变形等现象，除上述的功能检测外，日常无须刻意单独保养。

4.3.13 手术锤

4.3.13.1 日常重点检查部位

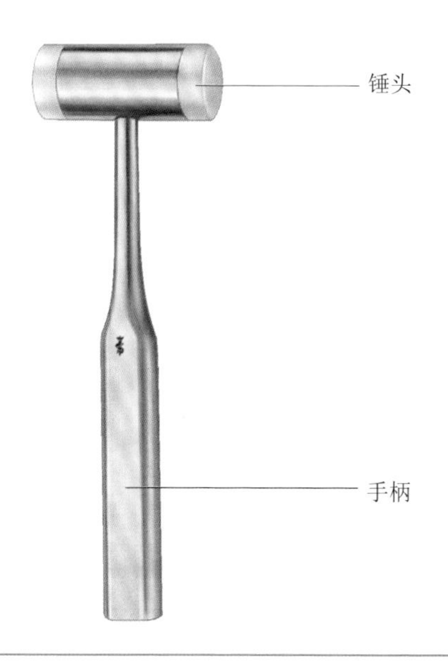

4.3.13.2 检查评估要点

重点检查部位	可能存在的问题	建议处理方式
锤头	磨损	维修或更换
	变形	更换
	点状腐蚀	更换
手柄	点状腐蚀	更换

4.3.13.3 功能测试方法

手术锤的测试

测试：

- 摇动手术锤。
- 目视检查手术锤锤头接触面是否出现毛刺。

结果：

- 在摇动测试时不应听到有松散部件的声音。
- 锤头接触面不应出现毛刺。

4.3.13.4 测试评估结论　手术锤表面无毛刺、腐蚀，锤头无磨损和变形。手柄处无明显的点状腐蚀。

4.3.13.5 日常保养方法　手术锤结构较为简单，无关节、螺钉等连接部位，因此如无腐蚀、变形等现象，除上述的功能检测外，日常无须刻意单独保养。